ULLA HASSELMARK

MEINE FABELHAFTE SAMENGÄRTNEREI

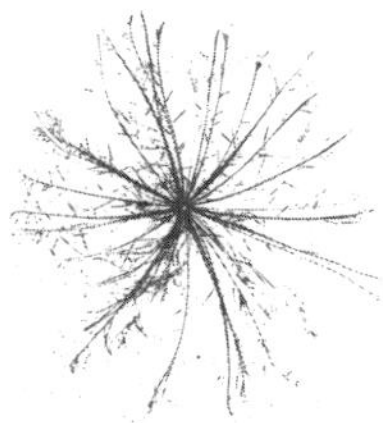

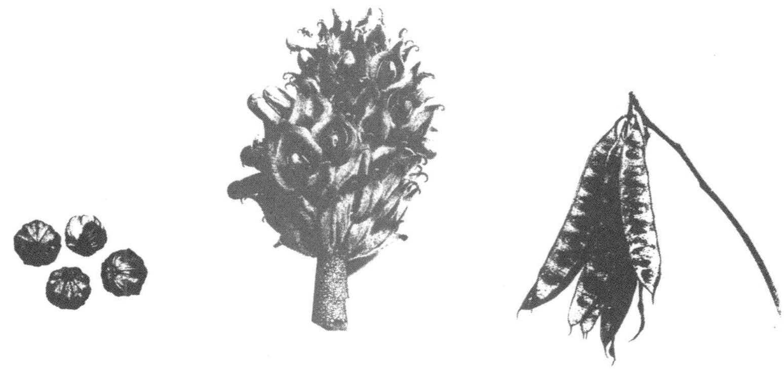

Ulla Hasselmark

Meine fabelhafte Samengärtnerei

Bassermann Inspiration

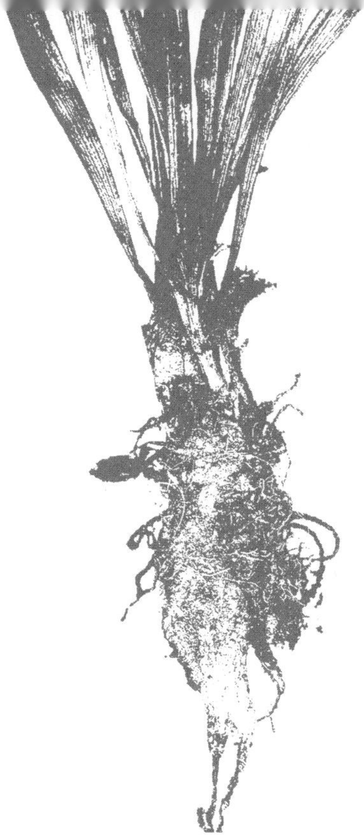

Impressum

ISBN 978-3-572-08091-5

Originaltitel: Fröbok
Dieses Buch wurde erstmals 2012 bei Norstedts, Stockholm, Schweden, veröffentlicht.
Die deutsche Ausgabe erscheint mit Genehmigung der Norstedts Agency.

Umschlaggestaltung: Atelier Versen, Bad Aibling
Illustrationen: Lukas Möllersten
Projektleitung: Herta Winkler
Übersetzung: Frauke Watson, Isle of Man
Redaktion: Nina Andres, München
Herstellung: Sonja Storz
Satz: Der Buch*macher*, Arthur Lenner, München

Druck und Bindung: Neografia, a.s., Martin
Printed in Slovakia

817 2635 4453 6271

MIX
Papier aus verantwortungsvollen Quellen
FSC® C020353
FSC
www.fsc.org

Das für dieses Buch verwendete FSC®-zertifizierte Papier Juwel offset liefert Arctic Paper, Kosztryn, Polen.

Inhalt

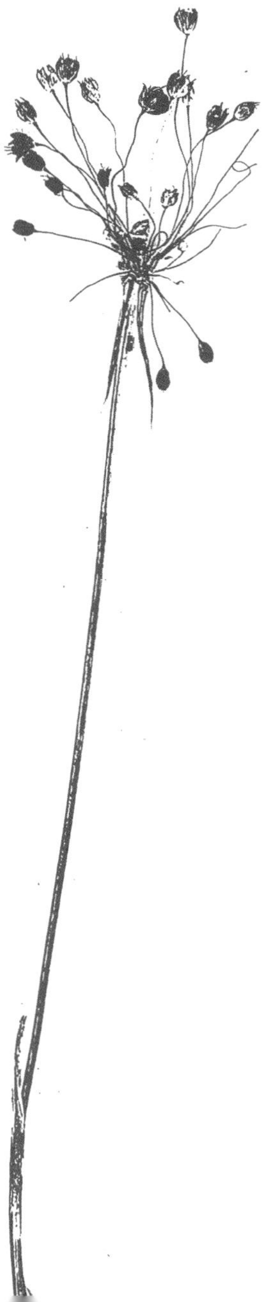

Meine Sommerblumen 71

Stauden 93

Fantastisches Gemüse 115

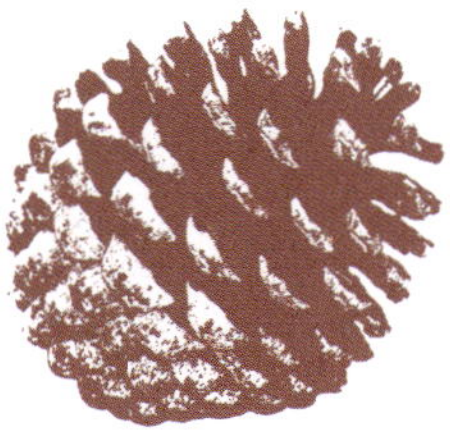

Vorwort

Der Spätwinter ist viel mehr als das lange Warten auf den Frühling – es ist die wunderbare Zeit, in der ich all die kleinen Pflänzchen aussäe, die später meinen Traumgarten schmücken sollen. Natürlich säe ich immer mehr aus, als ich später pflanzen kann. Doch am Ende freuen sich Freunde und Nachbarn über den Überfluss aus meiner Samengärtnerei!

Mit diesem Buch möchte ich den Vorhang ein wenig lüften, um Sie in die magische Welt der Samen und Keimlinge einzuladen. Aber vielleicht haben Sie sich bereits selbst gefragt, wie man bei der Anzucht am besten vorgeht und mit der einen oder anderen Methode zu experimentieren begonnen. Egal, ob Sie ein völliger Neuling sind und sich verzweifelt fragen, warum Ihre Samen einfach nicht keimen wollen oder ob Sie bereits einige Kenntnisse über »Stratifizierung« und andere Spezialmethoden erworben haben – in diesem Buch finden Sie viele nützliche Tipps, die ich in vielen Jahren der praktischen Erfahrung im eigenen Garten für Sie gesammelt habe.

Die erste Ausgabe meines Buches erschien im Jahre 2000 und erfreute sich sogleich großer Beliebtheit. Für die Neuauflage wurde das Buch jedoch noch einmal gründlich überarbeitet. Ich habe einige neue Beiträge und viele neue Bilder hinzugefügt und andere Texte völlig umgeschrieben, denn inzwischen mache ich einige Sachen anders als bisher. Eines der neuen Themen ist die Winteraussaat, der ich mich inzwischen voll und ganz verschrieben habe – denn es ist doch einfach herrlich, schon mitten im tiefsten Winter mit der Gärtnerei beginnen zu können!

In diesem Sinne – viel Spaß beim Gärtnern!

Samen sind meine Glückspillen

Samen gibt es überall, denn sonst wäre unsere Erde nicht von Pflanzen bedeckt. Es bedarf nur eines Regenschauers, um überall zarte Pflänzchen aus dem Boden schießen zu lassen. Wenn in den Alpen die Schneeschmelze beginnt, kommen auch die Pflanzensamen aus der Winterruhe und beginnen zu sprießen – und hat der Löwenzahn erst einmal angefangen, zu wachsen, kennt er keine Grenzen mehr und sprengt sogar Asphalt. Es schlummert eine ungeheure Kraft in diesen winzigen Samen. Damit Samen am besten gedeihen, sollte man jedoch versuchen, Bedingungen zu schaffen, die diese von ihrem Herkunftsort her gewohnt sind. Dafür lohnt sich die Anschaffung eines guten Pflanzenlexikons – und im Zweifelsfall gibt es ja auch noch das Internet.

Schlagen wir zum Beispiel einmal nach, wo denn die winzigen, unscheinbaren Samen der von uns so geschätzten Petunie herstammen, so erfahren wir, dass sie aus Gegenden Südamerikas stammen, wo Nachtfröste selten sind. Die Samen fallen also einfach auf den Boden und warten auf den nächsten Regenschauer. Daher können wir davon ausgehen, dass sie zum Wachsen mindestens Zimmertemperatur, am besten aber Temperaturen von 20–25 Grad brauchen. Eine weitere nützliche Faustregel ist, dass kleine Samen gewöhnlich eine längere Entwicklungszeit haben. Man sollte daher so früh wie möglich mit der Aussaat beginnen.

Der Päonienblütige Mohn (Papaver paeoniflorum) ist eine besonders prächtige Mohnart. Die Samenkapseln der einjährigen Pflanzen sind zum Herbst mit winzigen Samen gefüllt, die man zur Aussaat entweder im Herbst oder Frühjahr einfach im Garten ausstreut.

In den dunklen Wintern unserer nördlichen Breitengrade empfiehlt sich zur Vorkultur auch zusätzliche Beleuchtung.

Vor vielen Jahren, als ich in Sachen Samen und Aussaat noch völlig unerfahren war, schlug mein Nachbar mir vor, Dill und Petersilie selbst zu säen. Warum nicht, dachte ich und machte mich ans Werk. Doch leider sind Dill und Petersilie nicht gerade ideale Pflanzen für den Anfänger. Petersilie braucht so lange, um zu keimen, dass man währenddessen beinahe das Interesse daran verliert. Dillsaat verhält sich auch nicht immer erwartungsgemäß, oft sind die Jungpflänzchen schwächlich und verkrüppelt. Alte Hasen wissen, dass die gesündesten Dillpflanzen aus Selbstaussaat stammen. Das nahm mir bald den Wind aus den Segeln. Es wäre besser gewesen, wenn ich damals mit einer Tüte Ringelblumensamen angefangen hätte: Sie sind so schön wie zuverlässig und glücken einfach immer!

Samenanzucht kann kinderleicht sein – oder extrem schwer. Manche Samen braucht man nur auf den Boden fallen zu lassen und dann sorgen sie für sich selbst. Anderen hingegen muss man gut zureden, sie von hinten bis vorne bezirzen – und dennoch keimen sie am Ende nicht. Doch vielleicht weckt der Anblick der leeren Pflanzgefäße zwischen all den anderen, dicht mit Sämlingen gefüllten Töpfen die Neugier darauf, warum sich hier nichts getan hat. Und dann möchte man es noch einmal versuchen, diesmal aber richtig. Es dauert natürlich seine Zeit, bis man sich durch den Berg an Informationen über Samenanzucht gewühlt hat, und natürlich wird es jede Menge fehlschlagende Versuche geben.

Kokospalmen (Cocos nucifera) gibt es sozusagen in zwei Größen: hoch oder niedrig. Die hohen Arten werden heute auch kommerziell angebaut, während die niedrigen Arten eher in Ziergärten in tropischen und subtropischen Regionen zu finden sind. Es dauert mindestens ein halbes Jahr, bis eine Kokosnuss keimt. Kokospalmen vermehren sich ausschließlich durch Samen.

Riesen und Zwergen unter den Samen

Wenn man einen Kokosnuss- und einen Petuniensamen nebeneinander legt, wird schnell klar, wie unterschiedlich groß Samen sein können. Die Kokosnuss ist eine wahre Riesin im Vergleich zu dem fast mikroskopisch kleinen Petuniensamen. Dennoch sind alle Blütenpflanzen, die sogenannten Phanerogame, ähnlich aufgebaut. Sie alle tragen die Anlage zum Wachsen, zum Ausbilden von Wurzeln und Blättern in sich, und alle entwickeln Blüten, die durch Befruchtung Samen ausbilden, mit deren Hilfe sich die Art dann fortpflanzt. Sowohl die Kokosnuss als auch der Petuniensamen sind bis zum Wachstumsbeginn autark; sie benötigen zum Auskeimen nicht einmal Erde.

Bald ist es Zeit, die Petunien zu pikieren. Jedes Pflänzchen wird in einen eigenen Blumentopf gesetzt und entwickelt sich rasch zur ausgewachsenen Pflanze.

Die Kokosnuss hat soviel Proviant bei sich, dass sie lange im warmen Wasser umher treiben kann, bis sie eines Tages an einen fernen Strand gespült wird und dort keimt. Daher findet man Kokospalmen meist in Strandnähe.

Petuniensamen dagegen sind so winzig, dass sie problemlos vom Wind erfasst und weit von der Mutterpflanze fortgeweht werden können. Inzwischen ist jedoch noch ein weiterer Faktor hinzugekommen – der Gärtner, der sie in kleine Tütchen sammelt und im Vorfrühling gezielt im Garten aussät. Sehr kleine Samen sind nicht immer leicht zu handhaben, doch die Saat gelingt Hobbygärtnern ganz sicher viel eher als mit einer Kokosnuss, die schwer zu knacken ist und zum Austreiben zuerst in einem ozeangroßen Becken gewässert werden muss.

Gemüse im Selbstanbau

Wenn Sie Gemüse aus Samen ziehen möchten, haben Sie es mit einer enormen Auswahl zu tun. Die traditionellen Sorten sind inzwischen wieder groß im Kommen und es werden ständig neue Sorten entwickelt. Ab dem späten Frühjahr sind Jungpflanzen zwar überall erhältlich, meiner Meinung nach jedoch kann man Gemüse ebenso gut aus Samen ziehen. Die Auswahl ist einfach ungleich größer, und früher oder später werden

Sie dabei den perfekten Salat oder die leckerste Tomate für sich entdecken. Nach meiner Erfahrung gibt es die interessantesten Sorten nicht als Jungpflanzen zu kaufen. Mehr und mehr Hobbygärtner nehmen außerdem die alte Sitte wieder auf, neben Blumen auch Gemüse zu pflanzen.

Aussaat das ganze Jahr über

Rauke gibt gemischtem Salat eine pikante Note und ist daher in meinen Augen einfach unentbehrlich. Nicht zu dicht aussäen – die Blättchen werden größer, wenn sie mehr Platz zum Wachsen haben.

Mit der richtigen Zusatzbeleuchtung kann man viele Samen bereits im tiefsten Winter säen. Das Pflanzgefäß steht dafür bei mir unter einer Leuchtstoffröhre auf einem warmen Fensterbrett. Natürlich wachsen die Pflanzen hier nicht so kräftig wie draußen im Garten, doch sie sind immer noch knackig und frisch. Es lohnt sich ebenfalls, manche »Exoten« und Topfpflanzen – besonders solche, die zum Keimen sehr lange brauchen – sozusagen zum »falschen Zeitpunkt« auszusäen. Bartfaden und manche Lobelien sollten beispielsweise bereits im Vorfrühling ausgesät werden, damit sie bis in den Spätsommer hinein blühen.

Die Qual der Wahl

Wenn man Blumen und Gemüse aus Samen zieht, ist man nicht auf die relativ beschränkte Auswahl eines Gartencenters angewiesen. So kann man sich etwa statt für den normalerweise blau blühenden Borretsch für die weiß blühende Variante (Borago officinalis alba) enstscheiden und statt des rosa blühenden Schnittlauchs eine ebenfalls weiß blühende Art (*Allium schoenoprasum ,Album'*) daneben pflanzen.

Über das Internet kann man inzwischen Samen aus aller Welt beziehen – nie zuvor ist es möglich gewesen, eine Suche mit derartiger Präzision vorzunehmen! Gleichzeitig werden weltweit immer neue Pflanzenhybriden entwickelt und weitergezüchtet, und gelegentlich werden in entfernten Regionen der Welt auch immer noch neue Arten entdeckt. Es ist schon eine wundersame Welt.

Es lohnt sich, Hobbygärtnervereinigungen beizutreten, da man dort oft Samensorten untereinander austauschen kann. In meiner Nachbarschaft haben sich ein paar Frauen zusammengetan (sie nennen sich die »Rosenknospen«). Wir treffen uns in unregelmäßigen Abständen, um Erfahrungen – und Samen – auszutauschen.

Weiß blühender Schnittlauch ist so schön, dass er in jedes Blumenbeet passt – und die Blüten schmecken lecker im Salat!

Wenn der Sommer vorbei ist, hängt mein Arbeitszimmer voller Filtertüten mit selbst gesammelten Samen. Wenn sie gründlich getrocknet sind, werden sie in beschrifteten Pergamentpapierkuverts gelagert.

Samen sammeln

Es ist ein gängiges Vorurteil, dass im eigenen Garten gesammelte Samen von schlechterer Qualität sind als gekaufte. Tatsächlich ist eher das Gegenteil der Fall, sofern man sich nicht allzu ungeschickt dabei anstellt. Samen lassen sich nicht unbegrenzt lagern – sind sie zu alt, keimen sie nicht mehr. Das wird bei selbst gesammelten Samen nicht so leicht passieren, denn diese müssen weder Reinigungs- noch Portioniermaschinen durchlaufen, noch lange Zeit in überheizten Ladenregalen herumliegen – und werden hoffentlich auch nicht viel länger als ein Jahr gelagert.

Passionierte Samensammler kann man überall erkennen. Sie haben die Taschen voll mit Tütchen und Döschen und es ist immer ein Stift zur Hand, um die wertvollen Funde noch an Ort und Stelle zu beschriften. Sie wenden sich schnurstracks den bereits verblühten zu, um sich bei den Samenständen zu bedienen. Versuchen Sie es selbst einmal. Nehmen Sie stets ein paar Tütchen mit und vergessen Sie vor allem nicht, immer sofort aufzuschreiben, was Sie wo gefunden haben. Dadurch haben Sie sich in Kürze einen Tauschfundus aufgebaut, mit dem die eigene Auswahl noch zusätzlich vergrößert werden kann.

Ich sammle meine Samen direkt in Kaffeefilter, die ich sofort beschrifte und zu Hause mit Wäscheklammern an einem Stück Bindfaden zum Trocknen aufhänge. Dadurch verkürzt sich auch die Trockenzeit der Samen ein wenig (in der Regel etwa 3 Wochen). Samen sollten niemals in luftdicht verschlossenen Behältern aufbewahrt werden, bevor sie völlig trocken sind, da sich sonst leicht Schimmel bildet. Ich verschließe meine Filtertüten mit einem Stück Klebeband und lagere sie in meiner Samenkiste unter dem Bett. Dort ist es dunkel, warm und trocken – genau, wie Samen es lieben.

Trocknen und Lagern

Natürlich gehen die Ansichten über die beste Lagermethode weit auseinander. Mancher geht gern auf Nummer Sicher und verwahrt seine – gründlich getrockneten – Samen zusammen mit Trockenmitteln wie etwa Kieselgel (ein farbloses Gel aus Siliziumdioxid, das zum Beispiel auch Elektronikverpackungen beigegeben wird) im Gefrierschrank. Andere wieder meinen, der Kühlschrank sei der beste Platz. Und wieder andere lehnen beide Methoden strikt ab.

Ich selbst ziehe zwar meinen Lagerplatz unter dem Bett vor, aber gelegentlich halte ich es auch anders. Einmal habe ich die Ritterspornsamen aus meinem Garten in einer Plastikdose mit Kieselgel im Gefrierschrank untergebracht – und prompt vergessen. Als ich sie sechs Jahre später wiederfand, habe ich sie dennoch versuchsweise im Garten ausgesät. Und siehe da, sie blühten und gediehen!

Wenn die Samen trocken sind, kann man statt der Kaffeefilter natürlich auch andere Tüten nehmen. Viele Sammler schätzen die Pergament-

FAUSTREGELN FÜR SAMENSAMMLER

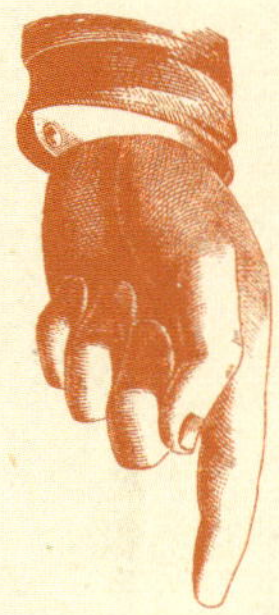

1. Sammeln Sie niemals Samen in Botanischen Gärten oder wissenschaftlichen Anlagen. Dort werden die Samen entweder zu Forschungszwecken benötigt oder gesammelt und weiterverkauft – oft eine wirtschaftliche Notwendigkeit! Rücksichtslose Sammlerleidenschaft fügt diesen Einrichtungen unnötigen Schaden zu. Darüber hinaus sind die Samenkapseln Bestandteil des ästhetischen Gesamtbilds einer Pflanze.
2. Sammeln Sie niemals ungefragt Samen in den Gärten von Freunden und Nachbarn. Denken Sie immer daran, dass diese für die Ausbildung der Samenkapseln lange hingearbeitet haben. Wenn Sie vorher fragen, wird man Ihnen sicher gern ein paar ordentlich beschriftete Samen abgeben oder eintauschen.
3. Lassen Sie auch in öffentlichen Anlagen Sorgfalt walten. Auf ein paar Samen mehr oder weniger kommt es hier sehr wahrscheinlich nicht an, aber versuchen Sie nach Möglichkeit, das optische Gesamtbild nicht zu zerstören.

papierkuverts der Briefmarkensammler. Andere verwenden verschließbare Plastiktüten, aber ich selbst mag sie nicht besonders, da sie sich statisch aufladen und besonders kleine Samen gern darin hängenbleiben.

Wer mag, kann sogar noch Bilder der Elternpflanze und des Samenstands aufnehmen und zur besseren Identifikation auf die Samentüten kleben.

Das richtige Wetter

Regen ist der größte Feind des Samensammlers. Am besten erntet man Samen nach einer Woche ohne Niederschlag. Manchmal liest man in Samenkatalogen, dass die professionelle Ernte aufgrund des hohen Regenfalls leider ausfiel und der Käufer daher auf das nächste Jahr vertröstet werden muss.

Es ist nicht immer leicht zu erkennen, ob die Samen reif genug sind. Doch viele fallen sofort nach der Reife aus ihren Kapseln und andere lösen sich bei der leichtesten Berührung von der Pflanze. Es empfiehlt sich daher, den gesamten Fruchtstand abzuschneiden und erst zu Hause zu versuchen, die Samen zu lösen. Eine andere Methode ist es, alle Samenstände samt Stiel abzuschneiden, zum Strauß zu binden und über Kopf in eine Papiertüte zu hängen. Dann werden die Samen beim Trocknen von der Tüte aufgefangen.

Samen-Überraschungen

Manchmal weichen die Pflanzen der nächsten Generation in Form oder Farbe etwas von der Mutterpflanze ab; zuweilen sind sie sogar voller oder schöner als die Elterngeneration – sehr spannend! Manche Pflanzen sind weniger »samenecht« als andere. Samenecht bedeutet, dass die Jungpflanze im Aussehen identisch mit der Elternpflanze ist. Das wird auch »reine Sorte« genannt. Stehen zwei Sorten derselben Art nahe beisammen, können diese sich (über die Bestäubung durch Insekten) gegenseitig befruchten. Daraus entstehen so genannte »Kreuzungen« oder »Hybride«, die im Aussehen Aspekte beider Eltern haben können. Das Aussehen ist nicht vorhersehbar und daher eine sehr spannende Angelegenheit, wenn man etwas dafür übrig hat.

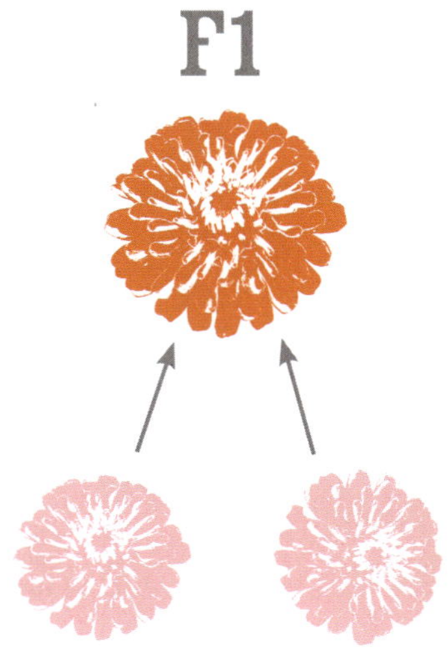

WAS SIND F1-HYBRIDEN?
Was bedeutet die Bezeichnung »F1« auf der Samentüte? Sie steht für die »erste Generation« einer Kreuzung zweier Sorten und garantiert, dass Sie gesunde, kräftige Jungpflanzen erhalten, die in jeder Hinsicht identisch mit den Elternpflanzen sind. Leider pflanzen sich diese Eigenschaften nicht unbedingt in der zweiten Generation (F2) fort.
Es wird davon abgeraten, Samen von F1-Pflanzen zu verwenden, da jede Folgegeneration sich qualitätsmäßig verschlechtern wird. Die genaue Abstammung der Pflanze ist ein Betriebsgeheimnis der Samengärtnerei, denn oft dauert es Jahre, eine besonders gesunde und kraftvolle Kreuzung zu züchten.

Die Samen der Zweiblütigen Pantoffelblume sind wirklich winzig klein, aber sie keimen sehr gut. Wenn man sie rechtzeitig Mitte Januar aussät, kann man im Sommer die Blütenpracht bewundern.

Eine Pflanze zu kaufen, um daraus Samen zu ziehen, mag ein wenig mühsam klingen. Aber auf diese Weise kann man die Ausbeute im nächsten Jahr mit etwas Glück verhundertfachen – zum Preis einer einzigen Pflanze.

Aus eins mach mehr

Die wunderschöne Zweiblütige Pantoffelblume (Calceolaria biflora) stammt ursprünglich aus Chile und gehört bei uns nicht unbedingt zum Standardsortiment der Gärtnereien. Bevor ich mit der Samensammlerei anfing, hatte ich die vertrockneten Blüten immer weggeworfen. Doch eines Tages ließ ich die Samenkapseln heranreifen, schüttete sie über einer Untertasse aus – und siehe da, sie steckten voller winzig kleiner Samen.

Zur Aussaat habe ich mein eigenes Substratgemisch verwendet: eine gut angefeuchtete Mischung aus Gartenerde, Sand und Torf sowie etwas Perlit (siehe dazu Seite 164). Ich streute die Samen darauf aus und begoss sie nochmals mit einem sehr feinen Wasserstrahl, sodass sie fest auf dem Substrat haften blieben. Da der Sommer ungewöhnlich kühl war, stellte ich den Anzuchtkasten mit Plastikdeckel in mein Gewächshaus – aber die Fensterbank hätte es sicher ebenso gut getan.

Nach 21 Tagen hatten sich winzig kleine Pflänzchen gebildet, die natürlich viel zu dicht standen. Es half nichts, ich musste etwa die Hälfte von ihnen opfern. Die restlichen Pflänzchen fühlen sich inzwischen in meinem kleinen Steingarten äußerst wohl und kommen jedes Jahr wieder – durch Selbstaussaat!

Die Zweiblütige Pantoffelblume braucht Halbschatten und in Trockenperioden hin und wieder einen Schluck Wasser.

Wenn die langlebigen feuerroten Fruchtstände der Feuerlilie nach mehreren Wochen zu schrumpfen beginnen, ist es Zeit für die Samenernte. Dabei ist jedoch Vorsicht geboten, denn es kann bei der Berührung zu Hautausschläge kommen!

So ein Wasserbad kein unbedingt schöner Anblick, doch nach ein paar Tagen haben sich die Samen der Feuerlilie sauber vom Fruchtfleisch gelöst. Das Wasser muss zwischendurch gewechselt werden.

Obst und Beeren

Wenn man Samen von Früchten und Beeren abnehmen will, muss man sie zuvor gründlich vom Fruchtfleisch trennen, denn dieses enthält wachstumshemmende Stoffe, die das Keimen unterbindet. Wäre dem nicht so, müssten die Samen bereits im Oktober auskeimen und die zarten Jungpflanzen würden den Winter nicht überleben. In der freien Natur werden die winzigen Samen durch die Fruchtfleischhülle vor Frost geschützt. Durch Tauwetter und Regen wird es im Frühjahr zersetzt und allmählich fortgespült, bis die Samen schließlich gefahrlos keimen können.

Will man die Samen einsammeln, muss also zuallererst das Fruchtfleisch gründlich entfernt werden. Es sollte so weich und überreif wie möglich sein. Zerquetschen Sie das Fleisch mit bloßen Fingern (oder in einer Plastiktüte) und entfernen Sie so viel davon wie möglich. Der Rest wird ein paar Tage lang in Wasser gelegt. Das Wasser von Zeit zu Zeit wechseln und dabei jedes Mal gut spülen – je nach Größe der Samen durch ein Sieb oder Teesieb. Die sauberen Samen müssen wie gewöhnlich gut getrocknet werden.

Wie erntet man die winzig kleinen Samen von Garten- und Walderdbeeren? Das ist gar so nicht so schwer: überreife Erdbeeren durch ein Teesieb streichen, das Fruchtfleisch abspülen und die Samen zum Trocknen ausbreiten.

Um zu verhindern, dass die Samen der Küchenschelle vom Wind davongetragen werden, habe ich eine Papiertüte über ein Bündel von Samenständen gestülpt und mit einem Gummiband befestigt.

Bei einigen Arten ist Vorsicht geboten – ich habe mir bei der Feuerlilie (*Arisaema consanguineum*) einen schlimmen Hautausschlag geholt, weil ich das Fruchtfleisch mit bloßen Händen berührt habe! Tragen Sie zur Sicherheit Latexhandschuhe.

Es ist immer einen Versuch wert, Samen von handelsüblichem Gemüse oder von exotischen Früchten zu sammeln – zum Beispiel von Chilischoten, Tomaten, Paprika, Maracujafrüchten oder Kapstachelbeeren. Auch aus Samen von Zitrusfrüchten wie Orangen oder Zitronen kann man kleine Pflänzchen ziehen – nur leider lassen im Norden die Früchte auf sich warten.

Kleine Ausbrecher

Pflanzen sind mit den abenteuerlichsten Mechanismen zur Verbreitung ihrer Samen ausgestattet. Diese sollen verhindern, dass ihre Nachkömmlinge sich auf zu engem Raum in die Quere kommen.

Manche Samen haben sich womöglich bereits selbständig gemacht, bevor Sie überhaupt gemerkt haben, dass es Zeit zur Ernte war. Gestern noch standen die kugelig-zotteligen Samenstände der Küchenschelle (*Pulsatilla spec.*) kurz vor der Reife und heute schon hat der Wind die gefiederten Samen in alle Himmelsrichtungen geweht. Wenn es Ihnen gelingt, ein paar davon einzufangen, sollten Sie diese direkt aussäen, denn dann wachsen sie am Besten. Man kann versuchen, die Küchenschelle zu überlisten, indem man eine Papiertüte über die Samenstände stülpt und am Stängel fest mit Gummiband befestigt. Dasselbe gilt für die Christrose (siehe dazu Seite 68). Auch Geranien und Pelargonien verfügen über einen Mechanismus, der die reifen Samen weit von der Pflanze fortschleudert. Am schlimmsten jedoch ist die Spritzgurke (*Ecballium elaterium*). Ich hatte auf einer Griechenlandreise ein paar ihrer charakteristischen explosiven Panzerbeeren in ein Papierkuvert gesammelt, das dann mit lautem Knall im Koffer platzte! (Vorsicht: Die Spritz- oder Eselsgurke ist stark giftig!)

Samen verwalten

Je größer die Samensammlung, desto schwieriger wird später das schnelle Wiederfinden und desto schneller verliert man den Überblick darüber, was wann gesät werden muss. Bevor ich mich endlich dazu entschloss,

Die bauschigen Samenstände der Küchenschelle (Pulsatilla vulgaris) leuchten wunderschön in der Sommersonne. Ich verwende sie gern in Blumensträußen.

Ordnung in mein System zu bringen, kam es immer wieder vor, dass ich Samentütchen in Schubladen und Schränken oder als Lesezeichen in Gartenbüchern wiederfand (ganz immun bin ich leider trotz allem immer noch nicht dagegen).

Ich unterteile meine Samensammlung je nach Zeitpunkt und Methode der Aussaat in vier Gruppen, die ich in genau beschrifteten Kästen aufbewahre. Der Zeitpunkt der Aussaat variiert je nach Klimazone. Wenn die betreffenden Samen von der Aussaat bis zum Pflanzen sechs Wochen brauchen, rechnen Sie vom Zeitpunkt der letzten Nachtfröste in Ihrer Region zurück. In Deutschland können die Nachtfröste bis Mitte Mai dauern, daher muss die Aussaat Anfang April erfolgen.

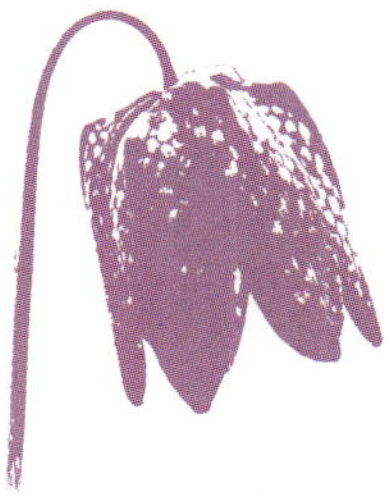

Die Samen der wunderschönen Schachbrettblume (Fritillaria meleagris) sind nicht lange lebensfähig und sollten sofort nach dem Einsammeln ausgesät werden.

1. *FRÜHE VORKULTUR*

Diese Samen brauchen sehr lange zum Keimen und sind oft sehr winzig. Lobelien (*Lobelia*) und Bartfaden (*Penstemon*) zum Beispiel säe ich bereits im Januar aus. Im Februar-März kommen Ziertabak (*Nicotiana silvestris*), Leberbalsam (*Ageratum*), Löwenmaul (*Antirrhinum majus*), Buntnessel (*Solenostemon scutellarioides*) sowie das Argentinische Eisenkraut (*Verbena bonariensis*) und das Steife Eisenkaut (*Verbena rigida*) an die Reihe. Außerdem bewahre ich hier Samen von Pflanzen auf, die bei früher Aussaat schon im Frühsommer blühen wie etwa Stiefmütterchen, Rittersporn oder Stockrosen. Da manche Stauden zum Keimen eine Kälteperiode brauchen, stelle ich im Februar die Anzuchtkästen nach draußen.

2. *NORMALE VORKULTUR*

Hierher gehören pflegeleichte Samen, die bei zeitiger Aussaat bereits im Frühjahr blühen. Auf den Samentüten, zumindest für unsere Regionen, ist der genaue Zeitpunkt der Aussaat meist angegeben. Ziertabak (*Nicotiana sanderae*), Wicken (*Lathyrus odoratus*), Rhizinus (*Ricinus communis*), Schönranke (*Eccremocarpus scaber*), Buschwindröschen (*Anemone nemorosa*) sowie manche Gemüse wie etwa Tomaten gehören in diese Kategorie.

3. *VORKULTUR IM GEWÄCHSHAUS*

Wenn Sie kein Gewächshaus haben, gehören die hier angegebenen Samen in die zweite Kategorie. Für mich sind dies vor allem meine geliebten Sommerblumen, dann Stauden, auf die ich nicht warten möchte und Ge-

Ich kaufe leidenschaftlich gerne Pflanzensamen ein, was ohne funktionierendes Ablagesystem schnell zum Problem werden kann – denn so verpasst man leicht einmal einen Aussaattermin!

müse in Vorkultur. Hier verwahre ich auch Saat, die in Kategorie 2 keinen Platz mehr fanden oder für die ich keine Zeit mehr hatte. Eigentlich kann man so ziemlich alle Samen im Gewächshaus ziehen – Samen, die Frost brauchen, im unbeheizten und die übrigen im beheizten Gewächshaus.

4. DIREKTAUSSAAT

In diese Kategorie gehört das meiste Gemüse, wie etwa Rote Bete, Mohrrüben, Bohnen, Erbsen, Zwiebeln und vieles andere mehr. Daneben Stauden sowie Sommerblumen, die es nicht schätzen, nach der Aussaat umgepflanzt zu werden. Dazu gehören Kalifornischer Mohn (*Eschscholzia californica*), Hainblumenarten (*Nemophila spec.*), Levkojen (*Matthiola spec.*) und einjährige Scheinmohnarten (*Meconopsis spec.*).

Dies sind selbstverständlich meine eigenen Unterteilungen, die sich außerdem von Zeit zu Zeit leicht ändern können. Sehr wahrscheinlich werden Sie im Laufe der Zeit Ihr eigenes System entwickeln.

(Aus)sortieren

Nach der alljährlichen Aussaat ist bei mir am Ende meist noch eine Menge Saat übriggeblieben. Da empfiehlt sich ein gründliches Sichten der Samenkästen. Zuerst schaue ich, ob einige der Samen womöglich ihr Verfallsdatum überschritten haben. Auf Packungen ohne Verfallsdatum trage ich grundsätzlich das Kaufdatum ein, das erleichtert die Altersbestimmung. Im Zweifelsfall gebe ich ein paar Samen auf ein Stück feuchtes Küchenpapier in eine luftdicht verschließbare Plastikdose. Wenn mehr als die Hälfte zu keimen beginnt, kann man die Samen noch verwenden.

Ich werfe alte Samen trotz allem nicht in die Mülltonne, sondern sammle sie in einer Dose und gebe ihnen draußen im Garten eine letzte Chance. Es ist schon oft vorgekommen, dass ich im Herbst hier und dort ein paar alte Samen im Garten ausgestreut und sie dann prompt vergessen habe. Das führt im Frühling zu netten Überraschungen!

Diese rotbraune Farbvariante der Sonnenblume (Helianthus) entfaltete ihre Pracht urplötzlich im Garten und verschwand ebenso sang- und klanglos wieder ...

Englisches Gartenvokabular

Viele Hobbygärtner nutzen die Möglichkeit, Pflanzen und Samen über das Internet oder Samenkataloge im Ausland zu bestellen. Hier finden Sie die wichtigsten englischen Fachbegriffe auf einen Blick.

HARDY, HALF HARDY

Hardy (H) = winterhart – selbstverständlich auf britische Verhältnisse bezogen. Prüfen Sie im Zweifelsfall, ob in Ihrer Region andere Bedingungen herrschen. *Half hardy* (HH) = »bedingt frosthart«, *hardy annual* (HA) = winterharte einjährige Pflanze; *perennial* (P) = mehrjährige Pflanze (Staude); *biennial* (B) = zweijährige Pflanze; *greenhouse* = Gewächshaus-/Topfkultur; *shrub* (S) = Strauch, Busch; tree (T) = Baum; *bulb* (Bb) = Blumenzwiebel, Knolle; *climber* (Cl) = Kletterpflanze.

FAHRENHEIT/CELSIUS

Temperaturen sind in Großbritannien und den USA statt in Grad Celsius in Grad Fahrenheit angegeben. Die Umrechnungsformel ist (Fahrenheit – 32) / 1,8 Celsius.

Beispiel: Wie viel Grad Celsius sind 65 Grad Fahrenheit?

65 – 32 = 33
33 / 1,8 = 18,3 Grad Celsius

INCH UND FOOT

Entsprechend wird die Höhe von Pflanzen auf britischen und amerikanischen Produkten in inch und feet angegeben (obwohl das metrische System dort inzwischen ebenfalls gebräuchlich ist).

1 inch = 2,54 cm
1 foot = 30,48 cm

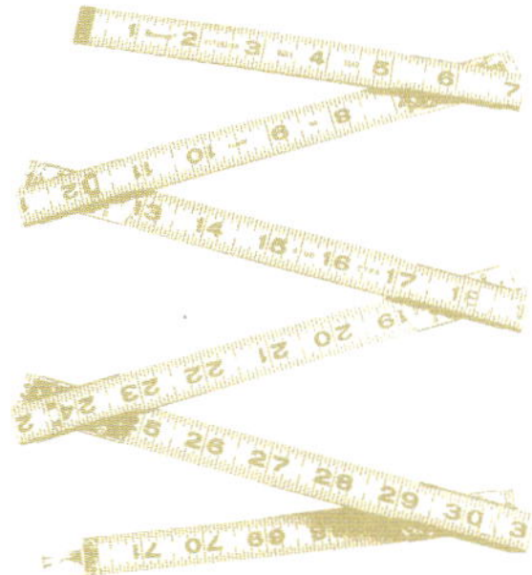

MIXTURE/MIXED

Farbmischung, d. h., die Pflanzen haben unterschiedliche Farben. Zu vermeiden, wenn es Ihnen auf eine bestimmte Farbe ankommt.

PROPAGATOR

Ein propagator ist ein Anzuchtkasten mit Deckel; *heated propagators* sind beheizte Anzuchtkästen. Ideal für Samen, die zum Keimen mehr als Zimmertemperatur benötigen.

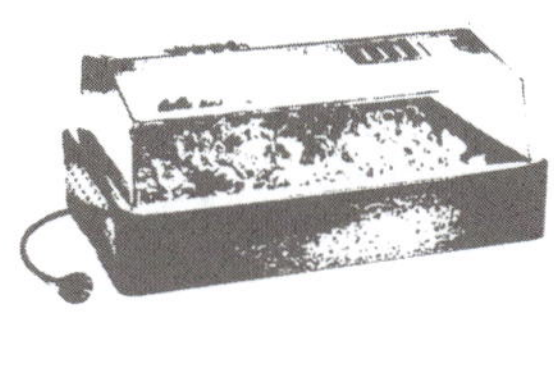

HÄUFIG VERWENDETE BEGRIFFE

Clingfilm	Klarsichtfolie (zum Abdecken)
Cushion	Kissen, Kissen bildende Pflanzen
Cut flower	Schnittblume
Damp	feucht
Dibber	Pflanzholz
Dormancy	Keimruhe
Dwarf	Zwergform
Erect	aufrechter Wuchs
Evergreen	immergrün
Everlasting	dauerhaft, zum Trocknen geeignet
Fluid sowing	flüssige Aussaat, Aussaat in Wasser
Foliage	Blattwerk
Fragrant, scent	duftend, duft
Germinate	keimen
Heirloom variety	alte Sorte
Invasive	invasiv, verbreitet sich sehr schnell
Poisonous, toxic	giftig
Prick off	pikieren
Rare	selten
Sow in situ	an Ort und Stelle säen
Scarification	mit Sandpapier anritzen
Seedling	Sämling, Keimling, Setzling
Sieve	Sieb
Soak	wässern
Stratification	Stratifikation, Kältebehandlung
Tamper	Substratoberfläche glätten

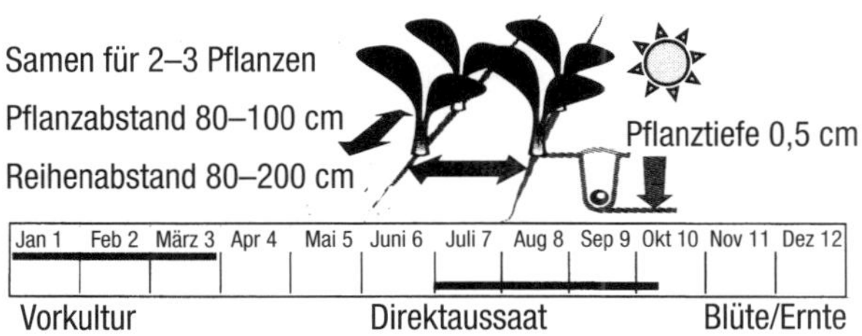

Auf Samentüten einiger großer Hersteller gibt es eine Tabelle mit Angaben zu Saatzeiten für Vorkultur oder Direktaussaat sowie zum Zeitpunkt der Blüte. Und oft Angaben zur Höhe der Pflanze, zu Pflanztiefe, Standort- und Nahrungsbedürfnisse und das Ablaufdatum.
Im Katalogversand ist das leider nicht unbedingt üblich. Hier ist man dann auf Nachschlagewerke oder Internetrecherche angewiesen.

Aussaatmethoden

Es gibt viele Tipps und Tricks dafür, wie man einen Samen zum Keimen bringt. Eigentlich ist das meist kinderleicht – bei mir und meinen Samensammlerfreunden jedenfalls wächst und gedeiht es hemmungslos in den Anzuchtkästen, sodass wir unsere Methoden selten hinterfragen. Wenn man ein paar Grundsätze beherzigt, kann eigentlich nichts schiefgehen: Denken Sie daran, dass manche Samen Kälte brauchen, um zu keimen, und dass andere dagegen es schön warm haben müssen. Außerdem darf man die zarten Pflanzchen nicht allzu stark begießen und vor allem nicht zu dicht säen. Das ist im Grunde schon alles!

Hier habe ich die Samen viel zu dicht gesät. Das hatte zur Folge, dass ich die kleinen Pflanzchen viel früher als nötig pikieren musste.

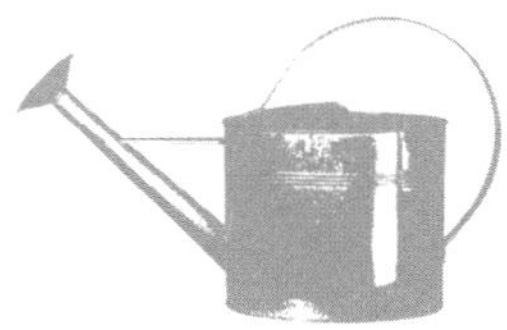

Aussaat im Haus

Diese gängigste Methode der Vorkultur wendet man an, wenn die Pflanzen früher keimen, blühen und Früchte tragen sollen, als es das örtliche Klima erlaubt. Die kleinen Pflänzchen bekommen keine Frostschäden, denn sie werden erst in den Garten gepflanzt, wenn die letzten Nachtfröste vorüber sind.

Ausgesät wird in kleinen Anzuchttöpfen oder -kästen auf lockerem Substrat. Achten Sie darauf, nicht zu dicht zu säen. Sie tun sich keinen Gefallen damit, das ganze Samentütchen in das Pflanzgefäß auszulee-

Trotz der Eisblumen an den Fensterscheiben wachsen die kleinen Pflänzchen unbekümmert weiter. Allerdings brauchen sie jetzt zusätzliche Beleuchtung, damit sie nicht zu schwächlich werden.

ren, denn dann machen sich die Keimlinge später gegenseitig den Platz streitig und werden zart und schwächlich. Nur Pflanzen, die genug Platz haben, können ihre volle Lebenskraft entwickeln.

Stellen Sie die gut begossenen Anzuchttöpfe in ein Mini-Gewächshaus mit Plastikdeckel. Sollte sich darunter Kondenswasser bilden, brauchen Sie zusätzliche Belüftung. In den meisten Deckeln befinden sich bereits Lüftungsöffnungen. Wenn diese fehlen, legen Sie den Deckel auf einen kleinen Holzstab, sodass er immer leicht geöffnet ist. Gegossen wird nur, wenn das Substrat ausgetrocknet ist – Sämlinge ertrinken nämlich eher, als dass sie verdursten. Meist genügt es, die Substratoberfläche von Zeit zu Zeit mit einer Sprühflasche leicht zu befeuchten.

Kleine Samen werden auf dem Substrat ausgestreut, größere dagegen leicht in die Erde gesteckt. Machen Sie es sich mit der Pflanztiefe nicht allzu schwer – stellen Sie sich einfach vor, wie es in freier Natur vonstatten ginge. Ich wollte es einmal wissen und habe Samen aller Größen einfach auf das Substrat gelegt. Sie haben sich alle wunderbar entwickelt – der einzige Unterschied ist, dass große Samen auf der Erdoberfläche einfach schneller austrocknen als kleine, und das sollten sie natürlich nicht. Es macht Spaß, Samen beim Keimen zuzusehen – man hat dabei das Gefühl, einen Film in Zeitlupe anzuschauen.

Für Wärme liebende Samen sind elektrisch beheizbare Anzuchtkästen von Vorteil, denn dadurch wird das Wachstum beschleunigt. Die ideale Temperatur steht im Allgemeinen auf den Samentüten – wenn nicht, müssen Sie sich auf ihr Gefühl verlassen oder sich diese Information auf anderem Wege besorgen. Die angegebene Temperatur bezieht sich übrigens nur auf den Keimvorgang. Schalten Sie die Heizung ab, sowie sich die Keimlinge gebildet haben, denn sonst vergeilen sie und werden zart und schwächlich. Keine Sorge, wenn noch nicht alle Samen gekeimt haben – diese lassen in der Regel auch nicht lange auf sich warten und gedeihen dann ebenso gut. Von nun an brauchen Ihre Pflanzchen zusätzliche Beleuchtung.

Für manche Samen, darunter Stiefmütterchen und Salat, ist zuviel Wärme übrigens richtig schädlich!

Nicht zu tief säen!
Kleine Samen werden auf das Substrat gesät, größere mit dem Finger leicht hineingedrückt – jedoch nicht zu tief! In der freien Natur gibt es niemanden, der sie per Hand in die Erde steckt – dort werden sie lediglich vom Herbstlaub sanft bedeckt.

Im Gewächshaus

Die Aussaat im Gewächshaus unterscheidet sich im Prinzip nicht von der Aussaat im Haus, doch gedeihen die Pflanzen darin meist besser. Ist das Gewächshaus nicht isoliert, kann man die Zeit der Aussaat in einer kalten Region etwas vorziehen, indem man eine Gewächshausheizung installiert.

Ein Gewächshaus hat viele Vorteile: Man kann das vorhandene Tageslicht voll ausnutzen und hat zudem den natürlichen Temperaturwechsel zwischen Tag und Nacht. Außerdem ist die Luftfeuchtigkeit hier höher als in einem Wohnhaus. Im Gewächshaus muss man allerdings darauf achten, dass die Keimlinge nicht zuviel Sonne abbekommen und austrocknen. Sorgen Sie unbedingt für ausreichende Belüftung, denn die Hitze in geschlossenen Gewächshäusern und Anzuchtkästen wird sehr schnell unerträglich.

Auch hier empfiehlt sich die Anschaffung von beheizbaren Anzuchtkästen, nicht nur für die Vorkultur, sondern auch, um nachts die Wurzeln von kälteempfindlichen Jungpflanzen vor Frost zu schützen. In diesem Fall braucht man jedoch den Deckel nicht aufzulegen. Gurkensaat zum Beispiel gedeiht prächtig, selbst wenn draußen Temperaturen unter Null Grad herrschen, solange die zarten Wurzeln genügend Wärme abbekommen.

Im Gewächshaus kann man außerdem die Aussaat in weit größerem Umfang vornehmen als im Haus. Es gibt Anzuchttabletts in unterschiedlichen Größen. Manche haben Fächer, die größer sind als gewöhnliche Anzuchttöpfe – wenn es Ihnen auf die Menge der Pflanzen ankommt, lohnt sich die Anschaffung. Die kleinste Variante hat 49 Fächer auf einer Fläche von 21 x 23 Zentimetern. Die Kultur in Anzuchtkästen ist auch für Hängeschalen sehr zu empfehlen, denn dadurch passen die Wurzeln der Pflanzen später bequem durch die Löcher der Ampel-Einlagen.

Durstige Pflänzchen

Winzige Pflänzchen in winzigen Töpfchen müssen öfters gegossen bewerden – wenn die Sonne kräftig durchs Fenster scheint, sogar bis zu zweimal am Tag. Kleine Mengen trocknen sehr schnell ein, doch gleichzeitig besteht die Gefahr der Überwässerung. Prüfen Sie mit dem Finger, ob das Substrat sich nicht allzu sehr vollgesogen hat, damit die Pflanzen nicht ertrinken.

Stratifikation – Kältebehandlung

Der Begriff »Stratifikation« (von lateinisch Stratum, Schicht und facere, tun) für Kältebehandlung von Samen stammt noch aus alter Zeit, als die Aussaat zwischen feuchten Sandschichten im Freien stattfand.

Leider findet man in Samenkatalogen nur in seltenen Fällen den Hinweis darauf, dass die betreffenden Samen eine Kältebehandlung brauchen, ganz zu schweigen von brauchbaren Anleitungen dafür. Auch auf den Verpackungen findet man diesen Vermerk im Allgemeinen nicht. Denn immer noch denken viele Hobbygärtner, dass eine Kältebehandlung ein komplizierter Vorgang ist. Das ist jedoch keineswegs der Fall. Im Zweifelsfall folgen Sie einfach dieser »Patentmethode«, dann kann eigentlich nichts schiefgehen:

1. Die Samen nach der Aussaat 4–6 Wochen warm halten (entweder im Haus oder im Gewächshaus).
2. Wenn die Samen dann nicht gekeimt haben, werden sie, sofern Winter ist, für 4–6 Wochen ins Freie gestellt. Zu anderen Zeiten behilft man sich mit dem Kühlschrank.
3. Haben die Samen dann immer noch nicht gekeimt, wird der gesamte Vorgang noch einmal wiederholt. Es gibt tatsächlich Samen, bei denen der Kalt-Warm-Wechsel mehrmals wiederholt werden muss!

Hier wurden in jedes Fach zwei bis drei Samen gesät. Sowie sich die Salatpflänzchen entwickeln, müssen sie jedoch in separate Töpfe gepflanzt werden.

Machen Sie es sich zunutze, wenn Schnee liegt! Eine Schneeschicht auf den Anzuchttöpfen hält die Sämlinge zugleich kühl und feucht.

Wenn es der Kühlschrank sein muss, sparen Sie viel Platz, wenn Sie die Samen mit etwas angefeuchtetem Vermiculit (s. Seite 164) in kleine Plastiktüten geben.

Frühe Aussaat im Freien

Die einfachste und weitaus üblichste Methode der Kältebehandlung für Stauden ist die frühe Aussaat im Freien. Wenn gerade Schnee liegt, schaufele ich eine Schicht Schnee über meine Anzuchttöpfe. Wenn nicht, bedecke ich sie mit ein paar Tannenzweigen, um hungrige Vögel fernzuhalten. Das ist unbedingt nötigt, denn Vögel fressen die Töpfe sonst in Nullkommanichts kahl. Ein Frühbeet schützt noch sicherer vor Vögeln, aber hier muss man unbedingt auf ausreichende Lüftung achten. Selbst bei Minusgraden kann es an sonnigen Tagen unter dem Glas- oder Plastikdach sehr heiß werden.

Durch die Aussaat im Freien werden die Bedingungen, unter denen sich die betreffenden Samen in der Natur entwickelt haben, so genau wie möglich nachgeahmt. Starke Temperaturschwankungen, Regen und Schnee helfen dabei, die harte Samenschale aufzuknacken, damit sich der Keim entwickeln kann.

Aussaat im Kühlschrank

Im dunklen, 4 Grad Celsius kalten Kühlschrank herrschen ideale Wintertemperaturen – einfach perfekt für die Kältebehandlung und für die Anzucht von Kälte liebenden Samen, denn nur die allerwenigsten Samen brauchen zum Keimen Minusgrade.

Sie können sie in einen Anzuchttopf säen und diesen in einer verschlossenen Plastiktüte in den Kühlschrank stellen. Ebenso gut geeignet und sehr viel platzsparender sind kleine Plastiktütchen mit ein wenig angefeuchtetem Vermiculit (s. Seite 164) oder Torfmoos (Sphagnum) oder sogar einem Stück angefeuchteten Kaffeefilter.

Die Keimlinge müssen nun in Töpfe umgepflanzt werden. Es ist allerdings fast unmöglich, sie einzeln einzupflanzen – ich lege die Samen daher einfach auf das Substrat, streue eine dünne Schicht Vermiculit darüber und befeuchte es vorsichtig mit handwarmem Wasser. Die Wurzeln finden dann ihren Weg ganz von selbst in die Pflanzerde. Die Töpfe müssen ein paar Wochen lang mit Plastikfolie vor dem Austrocknen geschützt werden.

Direktaussaat

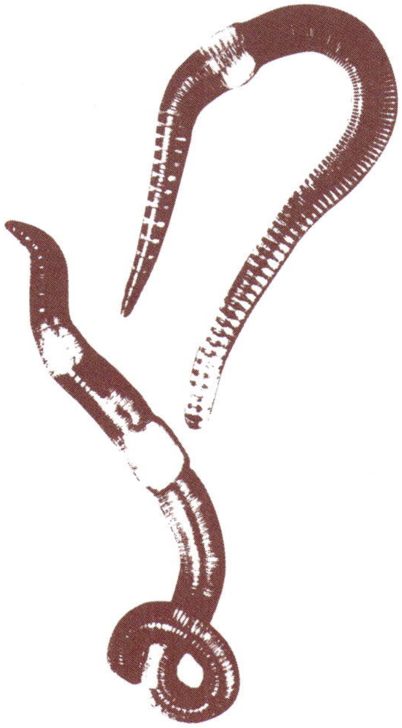

BLUMEN, DIE DIREKTAUSSAAT VORZIEHEN:

- Sommer-Azalee, *Clarkia amoena*
- Kornblume, *Centaurea cyanus*
- Abendlevkoje, *Matthiola longipetala*
- Jungfer im Grünen, *Nigella damascena*
- Klatschmohn, *Papaver rhoeas*
- Wicke, *Lathyrus odoratus*
- Liebeshainblume, *Nemophila menziesii*
- Ringelblume, *Calendula officinalis*
- Douglas-Sumpfblume (Spiegeleiblume), *Limnanthes douglasii*
- Kalifornischer Mohn, *Eschscholzia californica*

Direktaussaat ist im Grunde »die eigentliche Aussaat«, denn so hat man es vor der Erfindung von Gewächshäusern und Anzuchtkästen gehandhabt. Nach dieser Methode verfährt man mit vielen Gemüsearten sowie den meisten Sommerblumen und Stauden.

Das Beet wird schon im Herbst durch Düngen und, je nach Vorliebe, auch durch Umgraben vorbereitet. Ich selbst grabe nicht allzu gründlich um, sondern arbeite nur etwas Kompost locker in den Boden ein und dünge im Herbst mit etwas Stallmist. Wer keinen Bauernhof in der Nähe hat, kann Stallmist auch im Gartenhandel kaufen. Kompost und Stallmist sind vor allem zur Auflockerung von lehmigem Boden sehr zu empfehlen.

Früher dachte ich, man müsse den Dünger gründlich in die Erde einarbeiten. Aber inzwischen habe ich begriffen, dass ich es mir gar nicht so schwer zu machen brauche, denn das erledigt die Natur schon von ganz allein.

SOMMERBLUMEN

Im Frühling wird das Beet zunächst glatt geharkt, dann wird gesät und noch einmal ganz leicht mit der Harke geglättet. Ich klopfe die Samen anschließend noch leicht mit der Rückseite des Rechens in den Boden. Beim Gießen sollte man Vorsicht walten lassen. Anfangs empfiehlt es sich, eine Gießkanne mit Aufsatz zu verwenden, damit die Samen nicht gleich wieder fortgeschwemmt werden. Gießen Sie in der Anfangszeit täglich, sofern es nicht regnet.

Die Samen dürfen nicht zu dicht gestreut werden – denken Sie an die Größe der ausgewachsenen Pflanze. Wenn die Samen jedoch schon ziemlich lange gelagert haben und Sie nicht sicher sind, wie viele davon noch keimen werden, kann man sie ausnahmsweise ein wenig dichter säen. Meistens stehen die Jungpflanzen jedoch auch nach lockerer Aussaat zu dicht aneinander und müssen pikiert werden, da sie sich sonst gegenseitig den Platz und die Lebenskraft wegnehmen.

Ich selbst ziehe viele Sommerblumen in Vorkultur, damit die Sommerblüte so früh wie möglich beginnen kann. Doch manche Arten gedeihen besser, wenn man sie direkt in den Garten sät.

Viele sind der Meinung, dass man Wicken vorkultivieren muss, doch das ist eigentlich nicht nötig. Drücken Sie die Erbsen ab Mitte März etwa 10 cm tief in den Boden, dann überstehen sie auch noch die letzten Bodenfröste. Man kann sie auch direkt nach der Samenreifung auspflanzen, dann kommen sie im nächsten Jahr wieder.

Sehr viele Kräuter und Gemüse keinem problemlos im Freien und brauchen nur hier und da ein wenig Pflege.

GEMÜSE

Mit Kräutern und Gemüse verfahre ich nach demselben Prinzip wie für die Sommerblumen. Der einzige Unterschied ist, dass ich sie ganz traditionell in Reihen aussäe – dann weiß man nämlich sofort, dass ein aus der Reihe getanztes Jungpflänzchen sehr wahrscheinlich ein Unkraut ist. Auch hier ist es wichtig, nicht zu dicht zu säen. Hochbeete kann man wunderbar mit Gartenvlies abdecken, denn darunter bildet sich ein Mikroklima, in dem die Saat besser gedeiht und außerdem hält es Schädlinge fern. Doch viele Gärtner mögen den Anblick der weißen Vliesdecken auf ihren Beeten einfach nicht. Letztlich ist dies eine Frage des persönlichen Geschmacks.

STAUDEN

Mit mehrjährigen Pflanzen verfahre ich ein wenig anders. Das Staudensamen meist sehr lange zum Keimen brauchen, säe ich sie am Liebsten ins Frühbeet oder Hochbeet, denn dann habe ich sie besser im Blick. Es empfiehlt sich, vorher genau zu wissen, wie die gewünschte Pflanze in jedem Stadium ihrer Entwicklung aussieht, denn es ist nicht immer leicht, die heranwachsenden Pflänzchen von Unkraut zu unterscheiden. Garantiert unkrautfreies Anzuchtsubstrat aus dem Gartenhandel hält die Gefahr einer Unkrautinvasion einigermaßen in Grenzen.

Im Unterschied zu Sommerblumen und Gemüse müssen die meisten herangewachsenen Stauden vermutlich noch einmal umgesetzt werden. Sie sollten jedoch möglichst im ersten Jahr am ursprünglichen Standort gelassen und erst im Folgejahr umgepflanzt werden. Bei Frühlingsblühern kann man damit bis nach der Blüte warten.

SOMMERAUSSAAT

Im Frühsommer säe ich in meinem Gewächshaus Pflanzen, deren Samen zum Keimen keine Kälte brauchen. Auch hier gilt der Grundsatz, dass nicht zu dicht gesät werden darf. Nach ein paar Wochen setze ich die Jungpflanzen in größere Töpfe (bis zu 13 cm Durchmesser) an eine schattige Stelle in den Garten um – direkte Sonne und Wind sollte man dabei nach Möglichkeit vermeiden. Die Pflanzen werden in Sandbeeten oder Hochbeeten in den Boden gesetzt, bleiben dabei aber bis zum nächsten Jahr in ihren Pflanztöpfen.

Vorbehandelte Staudensamen

Vorhergehende Doppelseite: Die vorbehandelten Samen der Feigenblättrigen Stockrose *Alcea ficifolia* ‚Happy Lights' sind ausgekeimt – nach nur zwei Tagen!

Die Firma Jelitto entwickelte in den 1970er-Jahren ein Verfahren, das die naturbedingte Keimruhe bei kalt keimenden Staudensamen aufhebt. Dadurch lassen sich die so vorbehandelten Samen ohne vorherige Kältebehandlung problemlos bei Temperaturen um 20 Grad Celsius aussäen. Die Samen keimen innerhalb von 4 Wochen, während sie dazu normalerweise mindestens 2 bis 6 Monate benötigen würden.

Ich muss zugeben, dass ich der Sache zuerst skeptisch gegenüberstand und habe es daher einmal mit Samen der Küchenschelle *Pulsatilla vulgaris* ‚Papageno' ausprobiert. Zu meiner Überraschung keimte die Saat bei Zimmertemperatur, und zum angegebenen Zeitpunkt entwickelte sich ein wahres Blütenmeer in Rosa und Weiß, Blau und Violett! Soviel Glück hatte ich mit meinen eigenen Küchenschellensamen nie gehabt, obwohl ich sie sofort nach der Samenreife ausgesät hatte.

Neulich habe ich einen größeren Versuch mit sechs verschiedenen Staudensamen gemacht:

4. Die Feigenblättrige Stockrose *(Alcea ficifolia)* »Happy Lights' keimte bereits nach zwei Tagen (!) und hat damit den ersten Platz in meiner improvisierten Rangfolge inne.
5. Die Bleiche Stockrose *(Alcea pallida)* mit ihren blassrosa Blüten folgte auf dem Fuße: Sie brauchte zum Keimen nur drei Tage.
6. Die Wiesenraute *(Thalictrum rochebrunianu*m), sonst für ihre Launenhaftigkeit berüchtigt, keimte nach sechs Tagen.
7. Das Himalaja-Schleierkraut *(Gypsophila cerastoiodes),* eine besonders schöne, polsterbildende Art, brauchte sieben Tage.
8. Die Samen der orchideenähnlichen Krötenlilie *(Tricyrtis hirta)* ‚Miyazaki' keimten nach elf Tagen, und zwar alle gleichzeitig. Unbehandelte Samen brauchten bei mir mehrere Wochen und keimten zudem nur sehr ungleichmäßig.
9. Der Tibet-Scheinmohn *(Meconopsis betonicifolia)* ‚Lingholm' war mit nur zwölf Tagen das Schlusslicht – welch ein Ergebnis!

Muss man darum unbedingt mehr Geld für vorbehandelte Saat ausgeben? Keineswegs! Obwohl es erheblich mehr Zeit in Anspruch nimmt,

Die Küchenschelle *Pulsatilla vulgaris* ‚Papageno' war mein erster Versuch mit vorbehandelten Staudensamen. Ein voller Erfolg! Die Nachkommen blühen noch heute in meinem Garten.

Auch der Idee, Samen zum Keimen ins Wasser zu legen, stand ich zuerst skeptisch gegenüber, doch von den 40 Samen der Königslilie *(Lilium regale)* haben so ziemlich alle gekeimt. So sahen sie nach etwa 4 Wochen aus.

sorgt das gute alte *»slow gardening«* doch für eine ganz besondere Art von Befriedigung. Doch wenn Sie es einmal eilig haben, kann sich die Anschaffung von vorbehandelten Staudensamen durchaus lohnen.

Keimung im Wasser

Die Idee, Samen zum Keimen ins Wasser zu legen, wird von vielen Gärtnern belächelt. Doch bei sehr leichten, flachen oder gefiederten Samen, die auf der Wasseroberfläche schwimmen –etwa die der Amaryllis *(Amaryllis)* oder der Schmucklilie *(Agapanthus praecox)* – hat sich diese Methode durchaus bewährt. Achten Sie darauf, dass alle Samen gut von einander getrennt direkt auf der Wasseroberfläche schwimmen. Das Gefäß soll an einem hellen Platz, jedoch nicht in der direkten Sonne stehen, das Wasser darf vor allem nicht verdunsten. Die Keimlinge werden danach in Substrat gepflanzt. Darüber, in welchem Stadium das geschehen soll – vor oder nach der Entwicklung der ersten Keimblätter – gehen die Meinungen auseinander. Versuchen Sie es doch einmal selbst und bilden sich dann ein eigenes Urteil!

HAGEBUTTEN – EINEN VERSUCH WERT

Sammeln Sie im Herbst ein paar Hagebutten und stecken diese in ein Substrat-Sandgemisch. Wenn Sie nach der hier beschriebenen Methode verfahren, können Sie sich im Frühjahr über ein paar wunderschöne Rosenpflänzchen freuen!

Winteraussaat

Hier ist die ideale Lösung für Hobbygärtner, die drinnen nicht viel Platz haben und nicht über ein Gewächshaus verfügen: Säen Sie im Spätwinter aus und stellen die Saat hinaus in den Schnee! Winteraussaat unterscheidet sich von der Kältebehandlung in zweierlei Hinsicht: Erstens haben die Sämlinge sozusagen ihr eigenes kleines Gewächshaus und zweitens brauchen sie nach dem Auskeimen nicht extra abgehärtet zu werden, sondern können bis zum endgültigen Pflanzen gleich draußenbleiben.

Im Norden des nordamerikanischen Kontinents ist die Winteraussaat weit verbreitet. Wer zu dieser Zeit einmal in Kanada war, erinnert sich bestimmt an die Mengen von manchmal abenteuerlichen Pflanzgefäßen, die in den Gärten mitten im Schnee standen. Es gehört einfach dazu, dass man dabei keine fertig gekauften Anzuchtkästen verwendet, sondern die Mini-Gewächshäuser aus Plastikverpackungen mit oder ohne Deckel, Klarsichtfolie und starkem Klebeband oder Heftklammern selbst zusammenbastelt.

Und so funktioniert es:
Ein Plastikgefäß mit Substrat füllen (nicht vergessen, vorher Drainagelöcher in den Boden zu bohren), gut wässern, die Samen dünn darauf ausstreuen und, sofern vorhanden, den Deckel auflegen. Anderenfalls eine Plastiktüte darüber spannen und mit Klebeband befestigen. Auch in den Deckel oder die Folie ein paar Luftlöcher stechen. Das Ganze wird dann einfach nach draußen gestellt. Darüber, wie kalt es draußen sein darf, gehen die Meinungen auseinander. Ich selber habe bei minus 15 Grad Celsius ebenso gute Erfolge verzeichnet wie bei milderen Temperaturen.

Die Löcher in Boden und Deckel sind sehr wichtig, damit von oben Sauerstoff an die Pflanzen gelangt und das dadurch eingedrungene überschüssige Wasser ablaufen kann. Wenn es draußen wärmer wird, müssen Sie drauf achten, dass die Pflänzchen genügend Wasser haben und nicht oben an den Deckel stoßen. Außerdem müssen die Luftlöcher nach und nach vergrößert werden, bis es schließlich Zeit ist, den Deckel ganz zu entfernen. Denken Sie auch daran, dass es den Keimlingen an einem Sonnentag in ihrem Minigewächshaus schnell zu heiß werden kann.

Wenn der Winter am kältesten ist, kommen die selbstgefertigten Mini-Saatkästen ins Freie. Der Schnee bildet eine schützende Decke darüber. Hier hat die Schneeschmelze eingesetzt und es wird langsam spannend.

Die Wintersaat ist aufgegangen: Mit der Wohlriechenden Reseda *Reseda odorata* ‚Machet' (oben links) hatte ich bisher noch nie so viel Glück. Auch das Leimkraut *Silene pendula* ‚Peach Blossom' (oben rechts) und der Päonienblütige Mohn *(Papaver paeoniflorum)* unten haben sich gut entwickelt.

Nicht ausgekeimte Saat sollte nicht voreilig weggeworfen werden. Obwohl die meisten ihre Köpfe aus dem Boden stecken, sobald die Frühlingssonne wärmer wird, lassen sich einige doch ein wenig mehr Zeit beim Wachsen. Verlieren Sie nicht die Geduld, sondern sorgen Sie weiterhin dafür, dass das Substrat gut befeuchtet ist und stellen Sie das Gefäß in den Schatten.

Welche Samen sind für die Winteraussaat geeignet? Saat von Pflanzen, die im tropischen Klima heimisch sind, können Sie natürlich getrost vergessen, doch ansonsten ist die Liste lang. Die meisten Sommerblumen, Stauden, Sträucher und Bäume sind darauf vertreten – sogar Tomaten! Und natürlich grundsätzlich alle Pflanzenarten, die sich im Garten selbst verbreiten.

DIE VORTEILE EINER WINTERAUSSAAT:

→ Die Saat beansprucht keinen Platz im Haus oder im Gewächshaus.
→ Die Aussaat kann sehr früh im Jahr erfolgen.
→ Man muss sich keine Gedanken über Kältebehandlung machen.
→ Die Saat braucht wenig Pflege.
→ Die Pflanzen brauchen keine Abhärtung.

Die weit verbreitete Meinung, dass Pflanzen durch Winteraussaat kräftiger und widerstandsfähiger werden, kann ich so nicht teilen. Auf alle Fälle ist dies eine kinderleichte Methode, die man unbedingt einmal ausprobieren sollte. Mich jedenfalls hat ein einziger Winter bereits völlig überzeugt.

Da es unmöglich ist, hier alle Pflanzen aufzulisten, die für Winteraussaat geeignet sind, begnüge ich mich mit denjenigen, mit denen ich selbst Erfolg hatte.

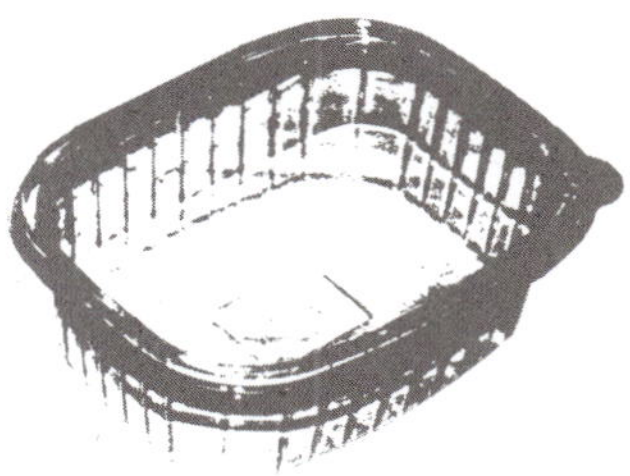

ZUR WINTERSAAT GEEIGNET:

→ Akelei, *Aquilegia*
→ Kapuzinerkresse, *Tropaeolum*
→ Schokoladennelke, *Dianthus barbatus* ‚Sooty'
→ Weißrand-Wolfsmilch, *Euphorbia marginata*
→ Fingerhut-Bartfaden, *Penstemon digitalis*
→ Wilde Lupine, *Lupinus perennis*
→ Löwenmaul, *Antirrhinum*
→ Rosenmelisse, *Monarda fistulosa*
→ Rundblättrige Glockenblume, *Campanula rotundifolia*
→ Wohlriechende Reseda, *Reseda odorata* ‚Machet'
→ Nachtkerze, *Oenothera*
→ Spinnenpflanze, *Cleome hassleriana*
→ Ballonblume, *Platycodon grandiflorus*
→ Ringelblume, *Calendula*
→ Tellerkraut, *Claytonia virginica*
→ Sonnenblume, *Helianthus*
→ Leimkraut, *Silene pendula* ‚Peach Blossom'
→ Schaumblüte, *Tiarella cordifolia*
→ Stockrose, *Alcea rosea*
→ Mohn, *Papaver*

Pikieren / Umsetzen

Wenn die Saat aufgegangen ist, haben Sie plötzlich ganz viele Jungpflänzchen, die alle nach eigenem Lebensraum verlangen. Nun können sie sich glücklich schätzen, wenn Sie lockeres Substrat verwendet und sparsam gesät haben, denn so ist es wesentlich leichter, die Pflanzen zu pikieren (umzupflanzen), ohne die empfindlichen Wurzeln zu beschädigen.

Zuerst bilden die Sämlinge zwei Keimblätter aus, die sehr schnell verwelken, dann erst die eigentlichen Blätter. Wenn sich die ersten zwei Blattpaare entwickelt haben, ist es Zeit zum Pikieren. Ergreifen Sie die Jungpflanzen zum Umpflanzen an den Keimblättern, damit der zarte Spross keinen Schaden nimmt. Als Substrat verwende ich vorgedüngte Blumentopferde, selbst wenn die Pflanzen später in den Garten umgepflanzt werden. Nach ein paar Wochen muss man dem Gießwasser jedoch neuen Dünger zusetzen, damit sich die Pflanzen gut entwickeln. Wenig und regelmäßig düngen ist dabei besser als selten und kräftig.

Denken Sie rechtzeitig daran, dass die Jungpflanzen nach dem Pikieren ein Vielfaches an Platz beanspruchen. Ich säe meine Sommerblumen partienweise zeitlich versetzt, damit ich nicht so viele Pflanzen erhalte, dass ich sie später noch einmal umpflanzen muss. Je länger die Pflanzen in den Anzuchttöpfen bleiben, desto mehr Dünger brauchen sie, denn am Ende ist der gesamte Erdballen von Wurzeln durchdrungen.

Abhärten

Bevor die Jungpflanzen in den Garten gepflanzt werden können, müssen sie abgehärtet werden, das heißt, sie müssen sich langsam an das Klima im Freien gewöhnen. In der ersten Woche stellt man die Pflanzen für immer längere Zeiträume an einen Platz im Schatten oder Halbschatten. Ich bin mir über den besten Platz zum Abhärten nicht im Klaren und soweit ich weiß, gibt es dafür auch keine Spezialrezepte. Meistens klappt es jedenfalls. Es macht leider viel Arbeit, alle Töpfe morgens ins Freie und Abends wieder ins Haus zu bringen – muss aber auch nur sein, wenn die Gefahr von Nachtfrösten noch nicht vorüber ist. Meist reicht es völlig aus, die Pflanzen über Nacht mit Gartenvlies abzudecken.

Das Pikieren oder Umsetzen der Pflanzen macht ziemlich viel Arbeit. Hat man für die Aussaat jedoch lockeres, eventuell zusätzlich mit Blähton versetztes Substrat verwendet, lassen sich die Jungpflanzen leicht und ohne Schaden zu nehmen voneinander trennen.

Selbstaussaat – Goldstaub im Wildgarten

Selbstaussäende Pflanzen können sowohl ein Anlass zur Freude wie auch ein Ärgernis sein. Auf einmal steht im Garten eine Pflanze, die man weder gesät noch gepflanzt hat. Bei mir wuchs einmal direkt neben dem Briefkasten eine Cannabispflanze empor – wo mag die nur hergekommen sein?

Oft ist die Erklärung ganz einfach. Die meisten Samen werden von Vögeln verbreitet. Sie kommen ins Vogelhäuschen geflattert, picken das Futter auf und lassen sich dann irgendwo im Garten nieder. Dabei fallen schon einmal ein paar Körner herunter. Das ist auch die Ursache für die Sonnenblumen, die plötzlich an völlig unerwarteten Stellen auftauchen. Samen werden außerdem durch Wind, Regen und Tauwetter verbreitet. Sie bleiben im Profil von Schuhsohlen und Fahrrädern, in unserer Kleidung oder im Kot und Fell von Haus- und Wildtieren hängen und werden sogar mit Schiffsladungen aus anderen Ländern und Erdteilen eingeschleppt.

Ellen Willmott (1858–1934), eine legendäre englische Gärtnerin und Blumenzüchterin, die drei Gärten in England, Frankreich und Italien unterhielt und 100.000 neue Pflanzenarten kultiviert haben soll, trug der Legende nach immer ein paar Samen in der Rocktasche. Diese streute sie heimlich in den Gärten aus, die sie besuchte, und schon bald darauf spukte »Miss Willmott‘s Ghost«, eine beliebte Art der Elfenbeindistel

(Eryngium giganteum), darin herum. Man könnte Miss Willmott also mit Fug und Recht als erste Samenbomberin in der Geschichte des Gartenbaus bezeichnen. Ihre Nachfolger, die »Green Guerillas«, konzentrieren sich dagegen auf brachliegende Grundstücke, vor allem in New York City. Sie füllen feuchte, mit Düngemitteln versetzte Gartenerde mit Wildblumensamen in Kondome, werfen sie über Zäune und Mauern – und platsch, fertig ist der urbane Minigarten. Inzwischen werden auch Militärflugzeuge für humanitäre Zwecke eingesetzt: So warf man beispielsweise mit insgesamt mehr als 1 Million Baumsamen gefüllte Geschosse an unzugänglichen und verwüsteten Stellen der Insel Haiti ab. Wenn alle Bomben durch Samengeschosse ersetzt werden könnten, wäre die Menschheit einen guten Schritt vorangekommen!

Lassen Sie doch einmal Ihren inneren Anarchisten heraus und nehmen traurige und blumenarme Stellen in Ihrer Umgebung unter Beschuss: Eine Handvoll Leinsamen (aus dem Reformhaus) wirkt da wahre Wunder!

Man kann sich die Tendenz vieler Pflanzen zur Selbstaussaat wunderbar zunutze machen. Allerdings werden Sie bald sehen, dass man schon ein sicheres Auge braucht, um schöne von unglückseligen Zufällen zu unterscheiden.

Fingerhut – ein dankbarer Gast

Ich ermuntere meine Gartenblumen zur Selbstaussaat, indem ich nicht alle verwelkten Blüten sofort entferne. Besonders gedankt wird mir das alljährlich vom Fingerhut *(Digitalis purpurea)*. Die zweijährige Pflanze bildet ihre charakteristischen traubigen Blütenstände erst im zweiten Jahr aus und stirbt danach ab. Inzwischen hat sie jedoch durch Selbstaussaat für reichlich Nachkommenschaft gesorgt.

Will man vermeiden, dass sich der Fingerhut weiter im Garten verbreitet, müssen die Samenstände unbedingt vor der Reife entfernt werden. Sonst genügt es, der Natur ihren Lauf zu lassen und die reifen Samenstände höchstens von Zeit zu Zeit ein wenig zu schütteln, damit sich die Samen in der Umgebung ein bisschen verteilen und nicht alle an dieselbe Stelle fallen. Die neuen Pflänzchen dürfen dann im Frühjahr natürlich nicht gejätet werden, doch glücklicherweise sind sie durch ihre charakteristische Blattrosette gut zu erkennen.

Die Wildform des Fingerhuts *(Digitalis purpurea)* ist ein wenig schlichter als die inzwischen in großer Auswahl erhältlichen Kulturformen.

Der Blaue Scheinmohn zieht den Blick geradezu magisch an. Die Blüten können in der Farbe variieren und sind zuweilen fast weiß, Scheinmohn liebt sauren Boden, d. h. Boden mit hohem pH-Wert.

Hat sich der Fingerhut einmal ausgesät, ist ihm nicht leicht Einhalt zu gebieten. Ich hatte anfangs versucht, alle andersfarbigen Pflanzen nach dem Ausblühen sofort zu entfernen, da ich nach Möglichkeit nur lachsfarbene Blüten im Garten haben wollte. Aber es nützte alles nichts! Inzwischen wimmelt es hier von rosa, weißen und lachsfarbenen Blüten und allen möglichen Zwischentönen – und ich habe daran meine Freude.

TIPPS

- → Verpflanzen Sie, statt zu säen, die frisch gebildeten Jungpflanzen an die gewünschte Stelle im Garten, dann blühen diese dort bereits im Folgejahr!
- → Wenn an der Spitze nur noch ein paar Blüten übrig sind, die Samenkapseln abpflücken und den Rest in die Vase stellen. Aber aufpassen, Fingerhut ist sehr giftig.

Blauer Scheinmohn – eine Gottesgabe

Wohl kaum eine Blume erstrahlt in einem derart betörenden Azur wie der Blaue Scheinmohn *(Meconopsis betonicifolia)* oder in einem so elektrischen Knallblau wie der Himalaja-Scheinmohn *(M. grandis)*. Sie sind nicht immer leicht im Garten anzusiedeln, doch wenn sie sich erst einmal eingelebt haben, werden sie sich durch Selbstaussaat fröhlich weiter verbreiten – vorausgesetzt, dass man die Samenkapseln nicht abschneidet und dass es sich um eine fortpflanzungsfähige Art handelt. Ich kenne viele Gärtner, die gar keine Vorkulturen mehr anlegen, sondern den Scheinmohn direkt in den Garten säen. Der Boden rund um die Pflanzen wird mit einer Kiesschicht (Korngröße 2–6 mm) bedeckt, in deren Schutz sich die winzigen Samen ungestört ausbilden können. Im nächsten Jahr können die Jungpflanzen, sofern gewünscht, umgepflanzt werden. Dadurch erspart man sich eine Menge Arbeit, vor allem das beschwerliche Pikieren nach der Saatkeimung.

In einem Garten südlich von London sah ich einmal eine über und über mit blühendem Scheinmohn bedeckte Böschung, blau so weit das Auge reichte. Ich werde diesen Anblick nie vergessen. Der Gärtner versicherte mir, dass sich die Pflanzen praktisch selbst gesät hatten.

Die pflegeleichteste Scheinmohn-Art ist vielleicht der Wald-Scheinmohn *(M. cambrica)* mit seinen leuchtend roten, gelben und orangefarbenen Blüten.

Kalifornischer Mohn – nur die Samen überwintern

Vorhergehende Doppelseite: Der Kalifornische Mohn *(Eschscholzia californica)* bildet im Garten bald dichte Matten und kann an sonnigen Standorten ohne weiteres als Bodendecker eingesetzt werden.

Vor zwanzig Jahren säte ich einmal eine Tüte Kalifornischen Mohn *(Eschscholzia californica)* in verschiedenen Farben in eine sandige und nährstoffarme Ecke meines Gartens. Er wächst noch heute an derselben Stelle – selbstverständlich sind es längst nicht mehr die Originalpflanzen, sondern die Nachkommen der Nachkommen, die sich jedes Jahr selbst aussäen.

Inzwischen haben sich die Farbvariationen ausgemendelt und erstrahlen nun ausnahmslos in Sonnengelb, der ursprünglichen Farbe dieser Gattung. Sie gefällt mir, ehrlich gesagt, auch am besten. Die Farbe von gezüchteten Hybriden hält sich in der Regel nicht allzu lange. Manchmal dauert es eine Generation, manchmal mehrere, aber dann stellt sich die ursprüngliche Farbe wieder ein.

Eigentlich ist es erstaunlich, dass die Samen dieser im sonnigen Kalifornien beheimateten Pflanze sogar die kalten Winter des Nordens überstehen. Im Prinzip kann man davon ausgehen, dass alle zur Selbstaussaat fähigen Pflanzen bereits im Herbst in den Garten gesät werden können. Es muss vielleicht mit ein wenig mehr Schwund gerechnet werden als bei der Vorkultur im Haus oder Gewächshaus, vor allem, wenn der Winter oder der Frühling sehr kalt waren, doch sie tragen ihre Bezeichnung »winterhart« (*hardy*) nicht umsonst.

Pflanzen Sie den Ziertabak *(Nicotiana alata)* in die Nähe eines Sitzplatzes, damit Sie am Abend seinen herrlichen Duft genießen können.

Dankbare Sorten

Die Weinraute *(Ruta graveolens)* ist ideal für niedrige Beetumrandungen und lässt sich sogar in Form schneiden. Die Jungpflanzen wachsen in dicken Polstern unter der Elternpflanze. Schauen Sie sich die Blüten einmal genauer an – erinnern sie nicht ein wenig an gelandete UFOs? Die Zweige verholzen im Laufe der Jahre ein wenig und können dann in Form geschnitten werden.

Ich gehöre zu den vielen Hobbygärtnern, die Ziertabak *(Nicotiana alata)* am liebsten als Topfpflanze hält, damit man ihn am Abend, wenn er seinen betörenden Duft entfaltet, in die Nähe von Bänken und Sitzplätzen rücken kann. Dabei fallen manchmal ein paar reife Samen in benachbarte Pflanzgefäße. Auch hier kann man sich die Aussaat eigentlich

Die feingliedrigen gelben Blüten der Weinraute *(Ruta graveolens)* stehen in schönem Kontrast zu dem blaugrünen Blattwerk.

schenken, denn man braucht gut entwickelte Jungpflänzchen im Frühjahr nur umzupflanzen. Sie blühen dann allerdings ein wenig später als bei der Vorkultur.

Auch Stiefmütterchen und Mini-Stiefmütterchen vermehren sich fleißig durch Selbstaussaat im Garten und ihre Farben sorgen dann immer wieder für Überraschungen. Man findet sie häufig zwischen Steinen und Fliesenfugen – typisch für selbstaussäende Pflanzen!

Die Jungpflanzen der Tarda-Tulpe *(Tulipa tarda)* sind anfangs kaum von dicken Grashalmen zu unterscheiden. Ich ziehe sie büschelweise aus dem Boden und pflanze sie in Blumentöpfe, bis sie groß genug zum Verpflanzen sind.

Wenn die Abkömmlinge des lippenstiftroten Gefingerten Lerchensporns *(Corydalis solida)* ‚George Baker' ihre Köpfe aus Rasen und Beeten stecken, grabe ich sie aus und setze sie an die gewünschte Stelle um.

Das Lungenkraut *(Pulmonaria officinalis)* befand sich bei unserem Einzug bereits im Garten. Es hat sich inzwischen kräftig vermehrt und ist stets Bestandteil meiner Frühlingsblumensträuße.

Gratis-Stauden

Von Frauenmantel *(Alchemilla)* und Schnittlauch *(Allium Schoenoprasum)* hat man sehr schnell mehr als genug im Garten; ebenso Glockenblumen *(Campanilla),* Margeriten *(Leucanthemum vulgare)* und Johanniskraut *(Hypericum calycinum)*. Viele Zwiebelpflanzen vermehren sich fleißig von selbst, am fleißigsten sind Tulpen *(Tulipa)* und Zierlauch (*Allium*). Große Sternhyazinthe *(Scilla forbesii),* Blaustern *(Scilla sibirica)* und Schneeglöckchen *(Glanathus nivalis)* vermehren sich sowohl durch Samen als auch durch die Bildung von Nebenzwiebeln. Wie erfolgreich sie dabei sind, kann man im Frühling in Wäldern und Wiesen sehen.

Die Platterbse oder Staudenwicke (Lathyrus latifolius) und die Akelei *(Aquilegia)* habe ich noch nie säen müssen, es ist einfach nicht nötig. Zuweilen pflanze ich ein andersfarbiges Einzelexemplar zwischen die bereits vorhandenen Pflanzen, damit sie durch ihr Erbgut etwas Abwechslung ins Spiel bringen, denn Akeleien lassen sich wunderbar kreuzen. Meine Staudenwicken *(Lathyrus odoratus)* tauchen an den verschiedensten Stellen im Garten auf und ein guter Teil von ihnen ist ganz offen-

Achtung – die Schwarze Blattlaus kann der Akeleiblättrigen Wiesenraute *(Thalictrum aquilegiifolium)* innerhalb kürzester Zeit den Garaus machen. Die Pflanze muss bei Befall sofort mit Seifenwasser behandelt werden.

sichtlich mit der rot blühenden Sorte ‚George Baker' verwandt, die ich vor etlichen Jahren einmal gepflanzt habe. Die großflächige Verbreitung ist sicherlich den fleißigen Ameisen zu verdanken. Das schöne Lungenkraut *(Pulmonaria officinalis)* mit den rosa und lila Blüten ist bei mir Dauergast und die Akeleiblättrige Wiesenraute *(Thalictrum aquilegiifolium)* muss man geradezu in Schach halten, damit sie nicht den ganzen Garten überwuchert. Ich verwende ihr Laub gern in Frühlingssträußen, aber die ersten Blüten schneide ich in der Regel ab, um Schwarzen Blattläusen vorzubeugen, für die sie sehr anfällig sind. Dennoch sollte man Seifenwasser für den Ernstfall stets zur Hand haben.

Halten Sie im Frühsommer unter dem Laub der Christrosen *(Helleborus)* und Pfingstrosen *(Paeonia)* Ausschau nach Jungpflanzen. Ich setze diese gern in Blumentöpfe um, bis sie groß genug sind, um an ihren endgültigen Standort im Blumenbeet gepflanzt zu werden.

Achtung!

Bei Pflanzen, die sich durch Samen und Ableger selbst vermehren, muss man höllisch aufpassen. Darüber, was als Unkraut zu bezeichnen ist und was nicht, gehen die Meinungen auseinander, aber für mich gehören Seifenkraut *(Saponaria officinalis)* und Beinwell *(Symphytum officinalis)* in diese Kategorie. Sind sie erst einmal im Garten, wird man sie genauso schwer wieder los wie den gefürchteten Giersch *(Aegopodium podagraria)*. Wenn Sie sicher sind, dass Sie diese Pflanzen im Garten nicht haben wollen, sollten Sie unbedingt den Anfängen wehren.

Selbstverständlich wird umgekehrt auch ein Schuh daraus, denn wenn Sie sich einen verlässlichen, grünen Bodendecker mit zarten, nach Honig duftenden Blüten wünschen, der zudem das Unkraut wirksam fernhält, kann man sich kaum etwas Besseres wünschen. Ich habe den Giersch bei mir tief umzäunt, damit die Wurzeln sich nicht anderswo im Garten verbreiten können, aber ich verwende die Blüten einfach zu gern zusammen mit Rosen und Pfingstrosen in meinen Blumensträußen.

Kurz gesagt, hat Selbstaussaat ihre Vor- und Nachteile. Man gewöhnt sich mit der Zeit an, sowohl beim Pflanzen als auch beim Jäten selektiv vorzugehen. Es geht nur für begrenzte Zeit gut, diesen Pflanzen freien Lauf zu lassen – früher oder später wird man doch zum Spaten greifen müssen.

Viele, viele Gratis-Christrosen! Ich grabe die kleinen Pflänzchen aus und pflanze sie in Blumentöpfe um, bis sie groß genug zum Auspflanzen sind.

Meine Sommerblumen

Die gute alte Cosmea *(Cosmos bipinnatus)*, auch Schmuckkörbchen genannt, ist und bleibt eine der besten Sommerpflanzen, sowohl im Blumenbeet als auch in der Vase!

Jedes Jahr setze ich mich zu Weihnachten vor den Computer und bestelle Blumensamen für den Sommer. Und jedes Mal versuche ich, mich dabei an das Farbschema zu halten, das ich mir für das kommende Jahr ausgedacht habe – aber jedes Jahr aufs Neue macht sich der Klickfinger selbständig und es landen viel mehr Samentütchen im Warenkorb als geplant. Die Samenzüchter ihrerseits liegen auch nicht auf der faulen Haut, sodass ständig neue Sorten auf den Markt kommen. Doch leider ist das Allerneuste nicht immer das Allerbeste. Oft sind den Neuzüchtungen gute Eigenschaften wie zum Beispiel Duft oder Farbreinheit verlorengegangen. Doch dazu muss sich jeder ein eigenes Urteil bilden. Hier sind jedenfalls meine Sommerfavoriten:

Sommerblumen sind einjährige oder »annuelle« Pflanzen: Sie brauchen von der Keimung bis zur Reife nur eine Vegetationsperiode und sterben dann ab. Dafür blüht die Mehrzahl von ihnen eine lange Zeit, manche sogar, bis die ersten Fröste einsetzen – und sie werden durch häufiges Pflücken zu stärkerem Wachstum angeregt. Ideal also für sommerliche Blumensträuße.

Zahlreiche, doch bei weitem nicht alle Sommerblumen kann man auch als Jungpflanzen kaufen. Warum sollte man also die Mühe der Saatkultur auf sich nehmen?

EINJÄHRIGE PFLANZEN, DIE GERN IM DUNKLEN KEIMEN:

- → Alpen-Vergissmeinnicht, *Myosotis alpestris*
- → Kapuzinerkresse, *Tropaeolum majus*
- → Kanarische Kapuzinerkresse, *Tropaeolum peregrinum*
- → Rittersporn, *Delphinium grandiflorum*
- → Wicke, *lathyrus odoratus*
- → Elfenspiegel, *Nemesia*
- → Mittagsgold, *Gazania*
- → Ringelblume, *Calendula officinalis*
- → Strandflieder, *Limonium*
- → Einjahresphlox, *Phlox drummondii*
- → Einjähriger Mohn, *Papaver*
- → Eisenkraut, *Verbena officinalis*

Nach der Aussaat mit dunkler Plastikfolie abdecken. Die Folie sofort nach dem Keimen entfernen.

Wenn man nur ein paar wenige Pflanzen braucht, kann man sie ebenso gut im Gartencenter kaufen, doch wenn es Ihnen um ein Blumenmeer im Garten geht, lohnt sich die Vorkultur aus Samen. So kommen Sie außerdem auch an Farben, die es im Gartencenter selten oder nie zu kaufen gibt. Das Allerschönste ist jedoch die Vorfreude: Während draußen vor dem Fenster noch die Schneeflocken umhertanzen, stecke ich bereits die Nase in die Saatkästen voller junger Pflänzchen und hole mir eine Nase voll Frühling!

Die liebenswerte Kapuzinerkresse

Einen Sommer ohne Ringelblumen *(Calendula officinalis)* oder Kapuzinerkresse *(Tropaeolum majus)* kann ich mir einfach nicht vorstellen. Ich finde sie weder banal noch nichtssagend und schon Claude Monet hätte mir da Recht gegeben. Er hat die Kapuzinerkresse auf seinen impressionistischen Gemälden tief in unsere Herzen gepflanzt. In meinem Garten stehen jedes Jahr etliche Pflanztöpfe mit Kresse. Am Allerliebsten sind mir die Sorten mit dunklem Laub und Blüten in flammenden Orangetönen. Die Blätter erinnern in der Form ein wenig an Lotusblätter und sind wie diese wasserabstoßend. Obwohl die Kresse sich auch fleißig durch Selbstaussaat vermehrt, ziehe ich die Vorkultur vor, damit ich beim Pflanzen die Kontrolle behalte. Sie blühen meist schon unmittelbar nach dem Auspflanzen und da kann man schnell erkennen, wenn eine falsche Farbe mit in die Samentüte gerutscht ist. Übrigens geben sowohl die Blätter als auch die Blüten der Kapuzinerkresse dem Salat eine leicht pfeffrige Note.

Die Blüten dieser Kapuzinerkresse sind von einem so tiefen Orange, dass sie schon beinahe rot sind. Man kann sie vorkultivieren oder auch direkt in den Garten säen.

Die Blütenunterseiten der blassgelben Ringelblume ‚Touch of Red Buff' sind dunkelrot gestreift – ein wundervoller Kontrast! Ringelblumen eignen sich ausgezeichnet als Schnittblumen.

Die vielgeliebte Ringelblume

Die Ringelblume *(Calendula officinalis)* sät sich derart verlässlich selbst aus, dass ich mitunter völlig vergesse, mich um ihre Saat zu kümmern. Sie ist schon seit der Antike eine beliebte Garten- und Heilpflanze. Durch ihre entzündungshemmenden und lindernden Wirkstoffe wurde sie seit jeher gern in Salben und Hautcremes verwendet. Mit den orangefarbenen Blütenblättern kann man Reis und Brot färben – und sogar Eigelbe werden dunkler, wenn die Hühner damit gefüttert werden. Viele Sorten haben unterschiedlich gefärbte Blattober- und Unterseiten, zum Beispiel ‚Touch of Red Buff" oder ‚Sherbet Fizz'.

Petunien

Ich säe so gut wie jedes Jahr Petunien *(Petunia)* selbst aus. Meine Freunde halten mich für verrückt, zumal der Gartenhandel jedes Jahr von Jungpflanzen nur so überquillt. Außerdem werden sie durch den Regen regelrecht unansehnlich. Aber ich liebe Petunien nun einmal – ganz besonders knallfarbige und gefüllte Sorten, gern mit weißen Rändern oder in altmodischem Zartrosa.

Eine Freundin hütet ihre tiefdunkelblauen gefüllten Petunien wie ihren Augapfel. Sie hatte sie vor Jahren einmal ausgesät und vermehrt sie seither durch Stecklinge (das geht mit Petunien ganz wunderbar). Inzwischen gibt es die Sorte nicht mehr, daher kann ich sie sehr gut verstehen.

Die Aussaat nimmt ein wenig Zeit und Aufmerksamkeit in Anspruch. Ich säe Ende Februar aus und versuche dabei, die mikroskopisch kleinen Samen so großzügig wie möglich über das Substrat zu verteilen. Es geht leichter, wenn man die Saat mit einem Salzstreuer mit etwas Vogelsand vermischt über das Substrat ausstreut. Bis zur Keimung brauchen die Samen 25 Grad Celsius Wärme, danach reicht Zimmertemperatur. Die Keime scheinen eine kleine Ewigkeit zu brauchen, bis sie sich zu Pflänzchen entwickeln, doch dann kommen sie doch nach und nach, bis einige von ihnen schließlich umgepflanzt werden können.

Wussten Sie eigentlich schon, dass Petunien in der Vase sehr lange haltbar sind? Wenn nicht, dann wird es höchste Zeit! Natürlich stimmt es, dass viele Petuniensorten im Regen einfach kaputtgehen, doch dem kann man entgegensteuern, indem man sie in Töpfe aussät und bei Regen unter das Dach stellt. Wenn man verwelkte Blüten sofort entfernt, wird die Pflanze zu stärkerer Blüte angeregt. Die Blüten fühlen sich zwar beim Anfassen etwas klebrig an, doch es ist der Mühe wohl wert.

Viele Petunien entwickeln abends und nachts einen starken Duft – wenn Ihnen Maiglöckchenduft gefällt, empfehle ich die alte Sorte ‚Old Fashioned Vining'. Ihre zarten, nostalgischen Pastellfarben sind inzwischen wieder groß im Kommen.

Die Blüten der ‚Pirouette'-Serie erinnern ein wenig an Cancan-Röcke.

Ein Strauß aus gefüllten und einfachen Petunien ist besonders schön und hält sich lange Zeit in der Vase. Nach dem Pflücken bilden die Pflanze neue Triebe aus.

Dahlien – vom Samen zur Knolle

Die Aufschrift »Sommerdahlien« auf der Samentüte ist etwas irreführend, denn auch aus Saat kultivierte Dahlien sind durchaus mehrjährig, denn sie entwickeln Wurzelknollen, die im Herbst ausgegraben und frostfrei überwintert werden können. Nach dem Auspflanzen werden die Pflanzen noch größer als im Vorjahr. Viele Hobbygärtner glauben nicht, dass man gesäte Dahlien überwintern kann, doch es ist durchaus möglich.

Ich selbst säe jedes Jahr neue Dahlien aus und es ist immer wieder spannend, zuzuschauen, was daraus wird. Meine Lieblings-Samenmischung der Sorte ‚Fantasia' sorgt fast jedes Jahr für aufsehenerregende Ergebnisse. ‚Bishop's Children' blüht in Variationen von Knallrot bis Hellorange, hat jedoch fast durchweg dunkles Laub.

Die Samen entwickeln sich bei Zimmertemperatur rasch und gut. Sie müssen jedoch in etwas größere Töpfe als sonst üblich umgepflanzt werden, da sie zum Bilden der Wurzelknollen besonders viel Platz brauchen. Die Knollen entwickeln sich aus den stark verdickten Wurzeln. Warten Sie mit dem Auspflanzen, bis die letzten Nachtfröste vorüber sind, denn Dahlien vertragen keine Minustemperaturen.

Nach der Aussaat im März entwickeln sich die ersten Blüten Ende Juli/Anfang August und blühen bis in den Oktober.

Sollen die Dahlien überwintert werden, gräbt man nach dem Absterben der Pflanze die Knollen aus. Kennzeichnen Sie die Knollen möglichst sofort mit einem Etikett, damit es im Frühjahr keine Verwirrung gibt. Ich verwahre Knollen, die ich besonders gut schützen möchte, in einer offenen, mit grobem Vermiculit (Seite 164) gefüllten Plastiktüte auf. Ansonsten genügt ein Korb in einem frostfreien Kellerraum. Dahlien in Pflanztöpfen stelle ich über Winter in den Keller, ohne die Knollen vorher auszugraben.

Alle Dahlien stammen aus derselben Samentüte. Pflanzen der Samenmischung ‚Bishop's Children' sollen der *Dahlia* ‚Bishop of Llandaff' mit ihren dunkelroten Blüten und dunklem Laub mehr oder weniger ähnlich werden.

Manchmal, aber durchaus nicht immer, überstehen Malven den Winter. Sie vermehren sich dagegen prächtig durch Selbstaussaat.

Wunderschöne Malven

Malven *(Malva)* sind mit mehreren anderen Pflanzengattungen, darunter auch *Lavatera*, eng verwandt, denen man sie auch bis vor kurzem gern zuordnete. Hobbygärtnern kann das jedoch egal sein, solange »Malve« auf den Samentüten steht.

Die Wilde Malve *(Malva sylvestris)* wächst, wie der Name schon sagt, in unseren Breitengraden wild und gilt seit jeher her als Heilpflanze. Schon die Römer schätzten die tägliche Tasse Malventee zur Vorbeugung gegen so ziemlich alle Krankheiten. Ich gebe auch gern ein paar frische Malvenblüten an meinen gemischten Salat. Die Blütenfarbe ist meist rotviolett, doch manche Sorten können einen Stich ins Blaue haben, zum Beispiel die hellviolette, dunkel geäderte ‚Primley Blue'. Diese Sorte ist jedoch nicht sehr beliebt, denn die Pflanzen schießen oft ins Kraut und müssen dann stark zurückgeschnitten werden.

Die Wilde Malve ‚Primley Blue' ist zart violett mit dunkelvioletten Adern.

Die Aussaat sollte im März/April bei einer Zimmertemperatur von 18–20 Grad Celsius erfolgen. Die Saat entwickelt sich recht schnell. Doch Malven vermehren sich auch fleißig durch Selbstaussaat und halten sich, einmal etabliert, lange im Garten.

Da ich gerne Blumensträuße binde, schätze ich die Bechermalve *(Malva trimestris)* ganz besonders, vor allem die Sorten ‚Mont Blanc' oder ‚Silver Cup'. Ich säe sie Mitte März in beheizbare Mini-Gewächshäuser aus. Die Saat keimt nach ungefähr zwei Wochen.

Malven sind ganz ausgezeichnete Schnittblumen, denn sie halten sich lange in der Vase und die Knospen gehen in der Regel alle auf.

Ein paar Duftwicken-Kniffe

In britischen Pflanzenzeitschriften wird wohl kaum über eine Blumenart soviel geschrieben wie über die dort äußerst beliebte Duftwicke oder Platterbse *(Lathyrus odoratus)*. Ein Sommer ohne Wicken ist dort einfach kein richtiger Sommer. Das ist kaum verwunderlich, denn die ersten Wickensamen wurden im 17. Jahrhundert von dem sizilianischen Mönch Franciscus Cupani zuerst nach England gebracht.

Anleitungen zur Anzucht von Wicken gibt es viele, aber meiner Ansicht nach ist die folgende Methode durch nichts zu schlagen: Zuerst werden die Erbsen einen Tag lang in handwarmes Wasser gelegt. Alle Erbsen, die dabei anschwellen, werden keimen. Die anderen kann man wegwerfen. Wenn es sich jedoch um eine sehr exklusive Sorte handelt, kann man die verbliebenen Erbsen mit einer Nagelfeile leicht einritzen

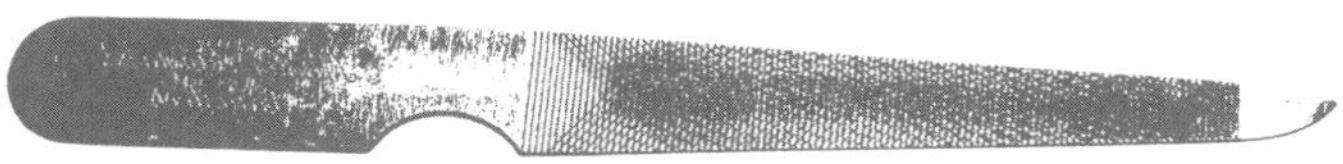

(möglichst weit weg von dem »Auge«) und noch einen Tag lang wässern – dann lässt auch dort das Ergebnis meist nicht auf sich warten. Da Wicken sehr tief reichende Wurzeln bilden, müssen sie in hohe Pflanzgefäße gesät werden, Tetrapacks zum Beispiel sind auch sehr gut geeignet. Nach den letzten Nachfrösten können sie in den Garten gepflanzt werden.

Während der ersten Wachstumsphase im Haus sollte man unbedingt verhindern, dass die Pflanzen wild auswuchern. Knipsen Sie den Haupttrieb über einem Blattpaar ab, sobald die Pflanzen 7–8 cm hoch sind. Bei niedrig wachsenden Sorten ist das nicht nötig, denn diese bilden schnell Seitentriebe aus.

Wicken brauchen nährstoffreichen Boden und sollten von Anfang an gedüngt werden.

Sie brauchen auch eine Kletterhilfe wie ein Ranknetz oder eine andere handelsübliche Rankhilfe, die es in großer Auswahl zu kaufen gibt. Sie brauchen insgesamt etwa 1,50 bis 2 Meter Platz nach oben. Und nun kommt der Spaßteil: Die Blüten dürfen nicht nur, sondern müssen regelmäßig gepflückt werden, damit sie stetig weiterblühen. Lassen Sie nicht zu, dass die Wicken Samen ansetzen, denn dann hört die Blüte sofort auf!

Es gibt kaum etwas Schöneres als einen dicken Strauß duftender Wicken! Man kann die Erbsen nach dem Keimen auf ein paar Lagen feuchtes Küchenpapier legen und zusehen, wie sich der Keim entwickelt.

Wenn die Samen nach dem Wässern nicht keimen, kann man sie mit einer Nagelfeile oder etwas Sandpapier leicht anritzen und nochmals für 24 Stunden in Wasser legen.

Die empfindlichen Wurzeln brauchen ein extra tiefes Pflanzgefäß. Sehr praktisch sind Gefäße wie oben rechts im Bild, die sich auseinanderbrechen lassen.

Die hoch wachsende Cosmea *(Lablab purpureus)* ‚Ruby Moon' bildet nach der Blüte wunderschöne Schoten aus.

Einjährige Klettergewächse

Mit einjährigen Kletterpflanzen wird der Balkon im Handumdrehen zu einem grünen Paradies und auch im Garten und auf der Terrasse kann man damit wundervolle Effekte erzielen. Sie bieten Schutz vor Einblicken und direkter Sonne und kaschieren hässliche Zäune und Mauern. Ein paar strategisch platzierte Pflanzen schmücken Hecken und Büsche und dienen als lebendige »Skulpturen« im Garten.

Die meisten einjährigen Kletterpflanzen haben eine lange Entwicklungszeit und müssen daher relativ zeitig ausgesät werden. Je nach dem Platz, den Sie dafür im Sinn haben und ihren räumlichen Möglichkeiten während der Aussaat kann diese schon im Februar stattfinden oder bis Ende März/Anfang April warten. Das Problem ist, dass Kletterpflanzen sehr schnell emporschießen. Mit der richtigen Zusatzbeleuchtung jedoch entwickeln sie sich etwas buschiger und kompakter. Wicken sollten von Anfang an eine Rankhilfe haben, an der sie in der ihr eigenen Art emporwachsen können.

Wenn Sie über genügend Platz in Haus oder Gewächshaus verfügen, können sie Wicken sofort in das Pflanzgefäß aussäen, in dem sie den Sommer verbringen werden. Dadurch entfällt das Umpflanzen und die Pflanze wird geschont. Füllen Sie das Gefäß zur Hälfte mit einer Mischung aus Gartenerde, Langzeitdünger und Wasser speichernden Hydrokristallen wie z. B. Perlit (Seite 164) – dadurch hält sich die Feuchtigkeit an heißen Sommertagen länger im Substrat. Darüber kommt eine Schicht Anzuchtsubstrat oder eine Mischung aus Gartenerde, Sand und Perlit. Die Samen werden in die magere Substratschicht gesät und die Wurzeln bahnen sich später ihren Weg in den nährstoffreichen Boden. Wenn sich das Substrat nach ein paar Monaten gesetzt hat, wird mit normaler Gartenerde aufgefüllt. Damit haben Sie ein gutes Milieu geschaffen, in dem man ohne Umpflanzen auskommt und sich auf das Gießen und gelegentliches zusätzliches Düngen beschränken kann.

Viele einjährige Kletterpflanzen beanspruchen nicht viel Bodenfläche. Daher kann man in jedes Gefäß mehrere Samen pflanzen. Die Rankhilfe wird gleich bei der Aussaat aufgestellt.

Im Frühjahr können Sie das Gefäß zum Beispiel in einen verblühten Pfingstrosenbusch stellen, das sorgt sofort für einen wunderschönen neuen Blickfang im Garten.

An der Schneckenbohne *(Vigna caracalla)* kommt man kaum vorbei, ohne an ihren seltsamen Blüten herumzufingern. Zwar halten sich die Triebe nicht in der Vase, aber als Topfpflanze ist sie sehr attraktiv.

Die Schönranke *(Eccremocarpus scaber)* stammt ursprünglich aus Chile, fühlt sich jedoch in Europa inzwischen sehr wohl.

Die Scharlachrote Prunkwinde *(Ipomoea coccinea)* ist nicht groß, macht sich aber ausnehmend gut als Kübelpflanze mit einer einfachen Rankhilfe.

Kraftvolle Kletterkünstler wie die rot blühende Helmbohne *(Lablab purpureus;* synonym mit *Dolichos lablab)* ‚Ruby Moon' oder die bizarre Schneckenbohne *(Vigna carcalla)* müssen bereits relativ früh gesät werden, damit sie rechtzeitig blühen. Die Helmbohnensamen müssen nach dem Wässern in einen beheizten Anzuchtkasten gesät werden, während die Schneckenbohnen es ein wenig kühler mögen (etwa 15–18 Grad Celsius). Beide Arten brauchen insgesamt bis 3 Meter Platz zum Ranken.

Auch die eher kleine Scharlachrote Prunkwinde *(Ipomoea coccinea)* profitiert von einer Direktausssaat in das endgültige Pflanzgefäß, da sie das Umpflanzen nicht besonders gut verträgt. Die bekanntere Bunte Gartenwinde (*Ipomoea purpurea)* hat sehr hartschalige Samen, die vor der Aussaat ebenfalls gewässert werden sollten. Die Schönranke *(Eccremocarpus scaber)*, oben im Bild über dem Grünkohl ‚Red Russian', wird etwa zehn Wochen vor dem Umpflanzen ausgesät. Das Purpurglöckchen *(Rhodochiton atrosanguineum)* braucht eine ebenso lange Anlaufzeit. Auch die beliebte Kanarische Kapuzinerkresse *(Tropaeolum peregrinum)* kann direkt in den Pflanzkübel gesät werden, aber es lohnt sich, dies bereits im März im Haus oder im geheizten Gewächshaus zu tun. Sie ist etwas empfindlicher als die gewöhnliche Kapuzinerkresse, doch hat sie sich erst einmal etabliert, ist sie sehr wuchsfreudig. Die Samen kommen aber nicht immer zur Reife.

Die interessanten violetten Blüten des Purpurglöckchens *(Rhodochiton atrosanguineum)* mit dem langen dunkelvioletten Kronenrohr bilden später attraktive Samenkapseln aus.

Noch mehr Sommerfavoriten

01. SCHÖNMALVE

Abutilon

Schönmalven sind beliebte Zimmerpflanzen, aber ich halte vor allem die kompakteren Sorten lieber in Balkonkästen oder als Kübelpflanzen auf der Terrasse. Die Aussaat sollte so früh wie möglich erfolgen, ich beginne damit schon im Januar. Die Samen zuerst eine halbe Stunde lang in handwarmes Wasser legen, aussäen und sehr dünn mit Substrat bedecken. Bei Zimmertemperatur kann es mehr als einen Monat dauern, bis die Samen keimen. Etwas zusätzliche Wärme kann nicht schaden. Die Pflanze blüht den ganzen Sommer über und im Herbst kann man sie ins Haus nehmen. Im Frühling muss sie stark zurückgeschnitten werden, damit sie wieder üppig blüht.

02. LÖWENMAUL

Antirrhinum majus

Das wunderschöne Löwenmaul gibt es in vielen Farbvariationen, die den ganzen Sommer über blühen. Es gibt auch niedrig wachsende Sorten. Ich pflanze mein selbst ausgesätes weißes Löwenmaul gern unter den Teufelsstrauch *(Physocarpus opulifolius)* ‚Diabolo'. Wenn die Blütenstände schütter werden, schneide ich sie ab und schon wachsen wieder neue nach. Sie können ein wenig Frost vertragen und gehören damit zu den letzten Herbstblumen in meiner Vase. Mein absoluter Favorit ist die hier abgebildete ‚Azalea Flowered White' mit den üppigen weißen Blüten.

Die Samen sind sehr klein und sollten bereits im März gesät werden. Sie brauchen einen hellen Platz bei Zimmertemperatur.

03. WUNDERBAUM

Ricinus communis

Ich schätze den prachtvollen, oft über einen Meter hohen Wunderbaum sehr, jedoch mit gewissen Vorbehalten, denn die Pflanze ist sehr giftig! Die Ursprungsart hat grünes Laub und gelbe Blüten, doch die beliebtesten Kultursorten haben rotes Laub und bilden große rotbraune, mit weichen Stacheln besetzte Kapselfrüchte. Die Samen sollten gepflückt werden, bevor sie abfallen (dabei Handschuhe anziehen!) und vor allem außer Reichweite von Kindern und Haustieren gehalten werden.

Die Aussaat erfolgt Mitte März bei Zimmertemperatur an einem hellen Standort.

04. MUTTERKRAUT

Tanacetum parthenium

Ein bekannter Gärtner bezichtigte mich einmal, mit dem Mutterkraut Unkraut in meinen Garten zu säen. Doch in der Vase ist es eine wunderbare Alternative zu Margeriten! ‚Plenum' hat viele kleine, schneeweiße Blütenkissen, während die Blüten der niedrig wachsenden Sorte ‚Carlos' dicht gefüllt sind. Es gibt auch Sorten mit einfachen und/oder gelben Blüten.

Säen Sie direkt in den Garten, wenn sich die Erde etwas erwärmt hat. Im nächsten Jahr kommt das Mutterkraut von ganz allein wieder.

05. SILBERBLATT

Senecio cineraria

Obwohl die meisten von uns das Silberblatt wohl im Gartenhandel kaufen, kann man es auch sehr gut selbst aussäen. ‚Cirrus' hat etwas rundere Blätter; sehr elegant ist die hier abgebildete Sorte ‚Silver'. Oft zu Unrecht

01. Schönmalve

03. Wunderbaum

02. Löwenmaul

04. Mutterkraut

05. Silberblatt

06. Großblütiger Breitsame

07. Dreifarbige Winde

08. Stockrose

09. Schmuckkörbchen

10. Spinnenblume

11. Argentinisches Eisenkraut

als »Friedhofspflanze« abgetan, ist das Silberblatt ein harmonischer Kontrapunkt in farbenfrohen Blumenbeeten. Ich pflanze es gern in meine Rosenbeete und zwischen niedrig wachsende Sommerblumen.

Die Aussaat erfolgt im Februar/März bei Zimmertemperatur direkt auf das Substrat. Die Keimzeit beträgt 2–3 Wochen.

06. GROSSBLÜTIGER BREITSAME

Orlaya grandiflora

Ich brüste mich gern damit, dass ich das Schmuckkörbchen bereits Ende der 1990er-Jahre für mich entdeckt habe – lange, bevor sie in meiner schwedischen Heimat in Mode kamen. Ich hatte sie mir damals in den USA bestellt. Inzwischen kann man die Samen in jedem Geschäft bekommen. Schmückkörbchen sind wunderbare Schnittblumen und besonders schön im Verbund mit Rosen. Vorkultur bei Zimmertemperatur ist zu empfehlen. Es dauert mitunter über einen Monat, bis sich die ersten Keime entwickeln. Im Folgejahr kommt das Schmuckkörbchen durch Selbstaussaat wieder.

07. DREIFARBIGE WINDE

Convolvulus tricolor

Die charmante Kletterpflanze wird nicht viel höher als 30 cm und eignet sich daher wunderbar als Bodendecker in Pflanzkübeln mit höheren Sommerblumen. Die Samen zuerst für einige Stunden in Wasser legen und dann direkt in das endgültige Pflanzgefäß säen. Hier kommen endlich einmal die Rankhilfen aus dem Gartencenter zu ihrem Recht, die zwar wunderschön, jedoch oft viel zu klein für die meisten Pflanzen sind!!

08. STOCKROSE

Alcea rosea

Einjährige Stockrosen haben den Vorteil, dass sie noch im Jahr der Aussaat blühen – bei zweijährigen Stockrosen bildet sich im ersten Jahr nur die Blattrosette. Wenn man die Samen vor der Aussaat einen Tag lang wässert, gehen sie recht schnell auf. Leider hat meine Begeisterung für Stockrosen inzwischen einen ziemlichen Dämpfer bekommen, da sie überaus anfällig für Malvenrost (eine Pilzerkrankung) sind. Der Grad des Befalls variiert allerdings von Jahr zu Jahr.

09. SCHMUCKKÖRBCHEN

Cosmos bipinnatus

Jeden Sommer nehme ich mir vor, keine Schmuckkörbchen mehr zu säen – und jedes Jahr werde ich diesem Vorsatz wieder untreu. Es gibt sie in so unzähligen Variationen, sind nun einmal eine Zierde für den Blumengarten und zudem ganz ausgezeichnete Schnittblumen. Meine Favoriten sind nach wie vor die schlichte, weiße ‚Purity‘ sowie »Sea Shells‘ mit den tütenförmigen Blütenblättern. ‚Rubenza‘ leuchtet gewissermaßen von selbst und die ‚Double Click‘-Sorten (im Bild) bestechen mit bauschigen, gefüllten Blüten. Säen Sie sie direkt in den Garten und gießen Sie regelmäßig. Wer sich eine frühere Blüte wünscht, kann sie auch vorkultivieren. Blumen für die Vase möglichst tief abschneiden, dann verzweigt sich der Nachwuchs und die Pflanzen bleiben schön buschig. Ein ganzer Hang voller Schmuckkörbchen ist ganz besonders bezaubernd!

10. SPINNENBLUME

Cleome hassleriana

Die Spinnenblume ist wunderschön, aber ein bisschen boshaft, denn ihr Stiel ist mit stachligen Dornen besetzt. Die weiße ‚Helen Campbell‘ ist ein Klassiker, ebenso die rosa-weiße ‚Rose Queen‘. Die niedrig wachsende ‚Senoria Rosalita« hat keine Dornen, ist aber leider auch steril und daher auch nur als Jungpflanze erhältlich. Sie stammen ursprünglich aus Chile und gedeihen daher am Besten bei Tagestemperaturen um 28 Grad und Nachttemperaturen um 20 Grad – in nördlicheren Breitengraden sollte man sie ab März im Gewächshaus vorkultivieren. Die Samen brauchen zum Keimen etwa 3 Monate.

11. ARGENTINISCHES EISENKRAUT

Verbena bonariensis

Diese Verbena-Art ist inzwischen sehr beliebt. Viele sind der Ansicht, dass man die Samen vor der Aussaat (bei Zimmertemperatur) einige Wochen lang in den Kühlschrank legen muss. Das ist sicherlich nicht verkehrt, aber ich habe auch mit Direktaussaat im Gewächshaus gute Erfolge erzielt.

Eisenkraut braucht jedoch zum Keimen Dunkelheit, daher muss die Saat bis zur Keimung mit dunkler Plastikfolie abgedeckt werden. Die Saat braucht sehr lange, bis sie aufgeht, daher sollte man bereits im Januar/Februar mit der Aussaat beginnen. Wenn die Pflanzen an einem hellen, warmen Platz überwintert werden, können sie sich nach einigen Jahren zu prächtigen Pflanzen entwickeln.

12. MOHN

Papaver spec.

Einjährige Mohnarten kann man ganz einfach vermehren, indem man die Samenkapseln im Herbst am Standort im Garten aussät und mithilfe des Gartenrechens leicht mit Erde bedeckt. Man kann sie zwar vorkultivieren, aber die Jungpflänzchen vertragen das Umsetzen nicht besonders gut, es ist also im Grunde unnötige Arbeit. Der Klatschmohn *(P. rhoeas)* wächst wild auf Äckern und Wiesen, es gibt ihn aber auch in einer Reihe von verschieden farbigen Kultursorten zu kaufen. Der stattliche Schlafmohn *(P. somniferum)* mit seinem sattgrünen Laub liefert die Mohnsamen für Brot und Kuchen. Früher gewann man daraus auch Opium, doch die modernen Kultursorten enthalten wesentlich geringere Mengen des opiumhaltigen Alkaloids. Der Päonienblättrige Mohn *(P. paeoniflorum)* ist eine Kultursorte mit gefüllten Blüten. Die hier genannten Mohnarten halten sich als Schnittblumen aber nicht lange in der Vase.

13. ZIERKOHL

Brassica oleracea

Mit Zierkohl verfährt man im Grunde wie mit jeder anderen Kohlsorte auch – und leider sind die Raupen des Kohlweißlings auf Zierkohl ebenso versessen wie auf seine Artgenossen. Durch Vorkultur kann man der kleinen Maden schneller habhaft werden. Abdecken mit Gartenvlies ist ebenfalls eine recht wirksame Maßnahme. Auch Zierkohl ist übrigens essbar. Die Aussaat sollte bereits im Frühling erfolgen, damit die schön gelappten Kohlköpfe im Herbst ihre volle Pracht entfalten. Sie halten sich auch bei sinkenden Temperaturen wacker im Garten, wenn sich die meisten Blumen bereits verabschiedet haben. Besonders schön ist es, wenn die mit Raureif bedeckten Blätter in der kalten Herbstsonne funkeln und glitzern.

14. NELKE

Dianthus

Gartennelken sind in den letzten Jahrzehnten ein wenig aus der Mode gekommen, inzwischen werden sie aber wieder beliebter. Meine Lieblingssorte ist die dicht gefüllte, rosarote Landnelke *Dianthus caryophyllus* ‚Raspberry Ripple'. Nelken müssen früh vorkultiviert werden, damit sie noch im selben Jahr blühen. Man kann sie auch direkt in den Garten säen, muss dann aber mit der Blüte bis zum nächsten Jahr warten.

15. BLAUDOLDE

Didiscus caerulea

Sie vermehrt sich sehr gut durch Selbstaussaat und bringt jedes Jahr ein Meer von zartblauen, leicht gewölbten Blütendolden hervor. Die Aussaat erfolgt im Haus 6–8 Wochen vor den letzten Nachtfrösten, nach Möglichkeit in beheizten Anzuchtkästen. Blaudolde braucht Dunkelheit zum Keimen. Die Saat geht nach etwa 2–3 Wochen auf. Ich habe es auch mit Freilandkultur versucht, aber dann dauert es sehr lange, bis sich die ersten Blüten zeigen. Sowie sich zwei Blattpaare bebildet haben, muss pikiert werden. Vorsicht dabei – die Wurzeln sind sehr empfindlich!

16. ZINNIE

Zinnia-Hybriden

Die widerstandsfähigen, blühfreudigen Zinnien waren lange von der Bildfläche verschwunden, aber nun sind sie wieder im Kommen. Ursprünglich waren die Blüten so klein, dass sie im Garten von geringem Interesse waren, doch im 19. Jahrhundert wurden Kulturhybriden mit größeren Blüten gezüchtet und nach Nordamerika ausgeführt. Eine Art hieß ‚Giant Dahlia' – ein Hinweis auf den erstaunlichen Größenunterschied zwischen Natur- und Kulturform. Doch schon bald bemängelte man die Steifheit und den Mangel an Eleganz der Neuzüchtungen.
Im 20. Jahrhundert entstand die ‚Profusion'-Serie aus einer Kreuzung von *Z. elegans* und *Z. angustifolia* und wurde sofort sehr populär. Zinnien eignen sich sowohl für die Vorkultur als auch für die Aussaat im Freien.

12. Klatschmohn

13. Zierkohl

14. Gartennelke

15. Blaudolde

16. Zinnie

Stauden

Mehrjährige Pflanzen, auch perennierende Pflanzen oder Stauden genannt, bilden zusammen mit Sträuchern und Bäumen das Grundgerüst meines Gartens. Stauden blühen in der Regel erst im zweiten Jahr und manche der größten und prächtigsten unter ihnen lassen uns sogar noch länger warten. Dann jedoch ist es an der Zeit, die Wurzelstöcke zu teilen, um aus einer Pflanze mehrere zu machen. Stauden stehen für Stabilität – mit nur sehr wenigen Ausnahmen kann man sich nicht nur darauf verlassen, dass sie jedes Jahr wiederkommen, sondern auch, dass sie dabei immer prächtiger werden.

Während sich meine Fensterbänke unter der Last der Sommerblumen-, Tomaten- und Chilisaat biegen, können die Stauden – auch hier bis auf einige Ausnahmen – bis zur Aussaat noch ein wenig warten. Manche Samen brauchen eine Kältebehandlung, aber diese werden ja ohnehin in ihren Anzuchtkästen ins Freie gestellt. Ich selbst säe Stauden auf dreierlei verschiedene Art oder besser gesagt, in drei verschiedenen Milieus aus:

1. Aussaat im Freien oder im Kühlschrank, zumeist ab Februar. Samen, die zum Keimen abwechselnd Wärme und Kälte brauchen, können ebenfalls ins Freie gestellt werden – oder, wenn es sich um besonders wertvolle Samen handelt, in den Kühlschrank. Der Kühlschrank hat

Manche Päonien, wie zum Beispiel meine Krim-Pfingstrose *(Paeonia wittmanniana)*, bilden im Herbst wunderschöne Samenkapseln aus, die aber leider nicht immer Samen enthalten.

Stauden kann man bereits im Spätwinter bis Vorfrühling im Haus aussäen. Nach dem Keimen brauchen die Jungpflanzen ausreichend Licht, müssen es aber ein wenig kühler haben.

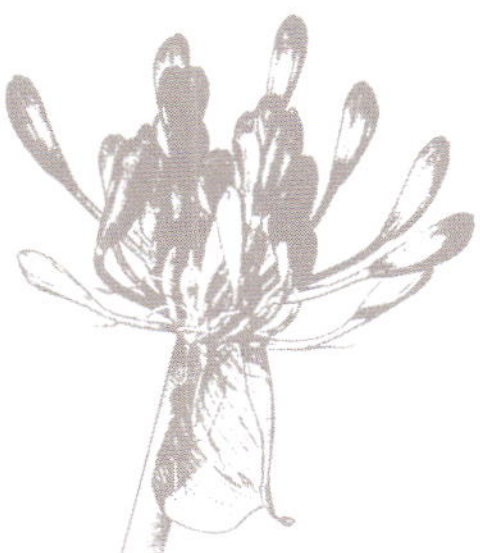

mit seinen +4 Grad Celsius nicht nur die ideale Temperatur für die Kältebehandlung von Samen, hier wird die Saat auch von nicht von Schädlingen behelligt.

2. Aussaat im Haus. Stauden, die bereits bei Zimmertemperatur ohne besondere Behandlung schnell und zuverlässig keimen, können eigentlich jederzeit ausgesät werden, vom Frühling bis nach den letzten Nachtfrösten.
3. Aussaat im Gewächshaus. Samen, die besonders viel Pflege und Aufmerksamkeit brauchen und Stauden, die vor den ersten Herbstfrösten ausgepflanzt werden, säe ich von März bis Mai in meinem Gewächshaus aus. Natürlich könnte man hier mit der Aussaat auch bis Juni oder

Juli warten, wenn die Frühsaat bereits ausgepflanzt ist. Doch es zeigt sich immer wieder, dass die Pflanzen durch frühe Aussaat einen besseren Start ins Leben erhalten und den ersten Winter besser überstehen.

Türkischer Mohn lässt sich sehr leicht durch Samen vermehren. Leider ist es nicht gesagt, dass die Blüten der ‚Beauty of Livermere' in der Folgegeneration in einem ebenso prachtvollen Tiefrot erstrahlen, denn Mohn kreuzt sich gern mit benachbarten Sorten.

Der Türkenmohn (Papaver orientale) ist ein Paradebeispiel dafür, wie problemlos sich die Aussaat von Stauden gestalten kann. Die Samen entwickeln sich ausgezeichnet bei Zimmertemperatur und lassen sich im Sommer auch draußen in Pflanzkübeln ziehen. Seit dem Erscheinen der tiefroten ‚Beauty of Livermere' kann ich mich wieder mehr für Türkenmohn begeistern – frühere Sorten waren meist von einem solch knalligen Orange, dass sie sich geradezu störend im Garten auswirkten.

TIPP!

Nicht verzweifeln, wenn sich das Laub des Türkenmohns gelb zu verfärben beginnt – schneiden Sie die ganze Pflanze einfach radikal zurück, dann kommt sie grün und kraftvoll wieder.

Hobbygärtner sind, wie alle »Nerds«, im Grunde Tüftler. Samen, die als schwierig gelten, haben es ihnen einfach angetan. Wenn man einem besonders halsstarrigen Samen einen Keim entlockt hat, gibt es sozusagen Sonderpunkte. Viele Neulinge schrecken vor der sogenannten Kältebehandlung oder Stratifikation zurück, weil sie meinen, dass das besonders schwierig oder arbeitsintensiv ist. Doch im Grunde ist es viel anstrengender, die Anzuchtkästen auf der Fensterbank im Auge zu behalten und dafür zu sorgen, dass das Substrat in der Sonne nicht austrocknet, aber dennoch genügend Licht zum Wachsen abbekommt. Im Vergleich dazu entwickeln sich die Staudensamen geradezu von selbst. Das Problem ist am Ende, im Garten genügend Platz für die Jungpflanzen zu finden.

Ebenso wie die einjährigen Pflanzen entwickeln sich auch Stauden unterschiedlich schnell. Doch wenn meine Sommersaat nach einem Monat nicht aufgegangen ist, verliere ich für meinen Teil das Interesse und sie landet auf dem Kompost. Manche Stauden hingegen brauchen zum Keimen noch wesentlich länger – ganz besonders sturköpfige Samen bis zu zwei Jahren! Selbst in ein und demselben Anzuchtkasten entwickeln sich die Samen oft unterschiedlich schnell. Es gibt immer mal wieder eine Gruppe, die den Anschluss verpasst zu haben scheint – man sollte Stau-

STAUDEN IM KALTGEWÄCHSHAUS

Viele Stauden brauchen zum Keimen kühle Temperaturen und sind daher im Kaltgewächshaus am Besten aufgehoben. Wenn es im Winter schneit sorgen Schneebälle auf den Anzuchttöpfen für eine perfekte »automatische Bewässerung«, denn sie halten das Substrat feucht, indem sie im Tauwetter ganz allmählich schmelzen. Wird es wieder kühler, wird keine Feuchtigkeit benötigt – und der Schnee gefriert wieder. In schneelosen Wintern muss man sich leider mit der Gießkanne behelfen.

densamen daher nicht voreilig wegwerfen. Langsam keimende Stauden sät man daher nach Möglichkeit ins Frühbeet. Eine ideale Staude lässt sich leicht säen und vermehren, ist langlebig, vermehrt sich fleißig durch Selbstaussaat und blüht vor allem im ersten Jahr. Doch auch hier gibt es große Unterschiede. Manche Pflanzen blühen im Garten zwar schnell, jedoch leider nicht sehr lange und sterben dann ab. Der Rittersporn *(Delphinium grandiflorum)* ist ein gutes Beispiel dafür – man könnte ihn im Grunde zu den einjährigen Pflanzen zählen.

Die meisten einjährigen Pflanzen sind ideale Schnittblumen, denn es wachsen nach dem Pflücken stetig neue Blüten mach. Stauden hingegen bilden in der Regel nur einen Satz Blüten aus, obwohl einige von ihnen durch Beschneiden zu einer zweiten Wachstumsphase angeregt werden können. Beispiele dafür sind Fingerhut *(Digitalis)*, Tränende Herzen *(Lamprocapnos spectabilis)* oder Lavendel *(Lavandula angustifolia)*.

Diptam: Der brennende Busch

Es kommt zwar äußerst selten vor, doch es ist durchaus möglich, dass Diptam *(Dictamnus albus)* durch seine ätherischen Öle in der Sommerhitze Feuer fängt. Das mag der Grund sein, weshalb die sehr seltene Pflanze auch als »Brennender Busch« bekannt ist. Man erzählt sich, dass eine Tochter Carl Linnés einmal aus Neugier einen Diptam angezündet hat. Die Samen verlieren ihre Keimkraft sehr schnell und sollten daher sofort nach der Reife ausgepflanzt werden, am Besten in Anzuchttöpfen mit Plastikdeckel oder Folienabdeckung, die dann den Winter über nach draußen in den Schatten gestellt werden.

Die Pflanze wird recht groß und buschig; die Blüten duften nach einer Mischung von Zitrone und Vanille. Diptam galt früher als Heilpflanze und ist stark giftig – sie sollte daher möglichst mit Handschuhen angefasst werden. Wenn die ätherischen Öle mit der Haut in Berührung kommen, kann diese im Sonnenlicht langwierige Verbrennungen davontragen. Achtung: Die Pflanze steht unter strengem Naturschutz – nichts von ihr darf eingesammelt werden!

Der Diptam ist anfällig für Schneckenfraß, obwohl die eingelagerten Pflanzengifte die meisten Schädlinge fernhalten und sich die abschreckende Wirkung oft auch auf benachbarte Pflanzen erstreckt.

Der Diptam *(Dictamnus albus),* auch Brennender Busch genannt, ist sehr giftig, muss unbedingt mit Handschuhen angefasst werden und ist als Schnittpflanze nicht empfehlenswert.

Dieses ungewöhnliche helllila Veilchen *(Viola odorata ‚Wismar')* entdeckte ich 1997 in Norddeutschland unter einer Hecke auf einem Feldweg.

Die Japanische Krötenlilie *(Tricyrtis hirta)* – hier als Steckling und als Blüte abgebildet (r.o.) – gibt es in unzähligen Farbvariationen. Manche sind in Samenkatalogen zu finden, doch die spannenderen Sorten findet man meist bei Hobbygärtnern. Man bekommt auch vorbehandelte Samen (Seite 46).

Japanische Krötenlilie

Die japanische Krötenlilie *(Tricyrtis hirta)* trägt ihren wenig kleidsamen Namen eigentlich zu Unrecht. »*Hirta*« bedeutet auf Latein »behaart« – und da die Krötenlilie bereits im Spätfrühling blüht, sorgt das samtige Haarkleid auf Blüten und Blättern für Schutz vor Kälte. Nachdem die Samen, die ich von einer im Vorjahr gekauften Pflanze abgenommen hatte, in einer Plastiktüte mit etwas Perlit ein paar Wochen im Kühlschrank zugebracht hatten, gingen ausnahmslos alle auf. Mithilfe einer Pinzette pflanzte ich die Keimlinge einzeln in kleine Pflanztöpfe um. Die Krötenlilie blüht im Spätsommer und Herbst von August bis Oktober und eignet sich gut als Schnittblume.

Herrlicher Veilchenduft

Was gibt es schöneres als die dichten blauen Teppiche von duftenden Veilchen *(Viola odorata)* im Frühjahr? Sowie die Erde ein wenig angetaut ist, grabe ich ein paar Pflanzen aus, pflanze sie in Blumentöpfe um und nehme sie mit ins Haus – und schon ist es bei mir Frühling! In meinem Garten gibt es neben allen möglichen Blautönen auch weiße und magentafarbene Veilchen – und eine seltsame, zartlila Variante namens ‚Wismar'. Die Samenanzucht gestaltet sich problemlos. Nach zwei Wochen bei Zimmertemperatur stelle ich den Anzuchtkasten erst einmal für 4 Wochen in den Kühlschrank, danach an einen kühlen Platz. Die Samen entwickeln sich am Besten bei 5–12 Grad Celsius – meine mussten sich jedoch mit dem kühlen Schlafzimmer behelfen und gediehen dort ebenso gut.

Das Hornveilchen oder Mini-Stiefmütterchen *(Viola cornuta)* gedeiht unter ähnlichen Bedingungen. Ich stelle die Samen bis zum Auskeimen an einen dunklen Ort.

STAUDEN, DIE IM FRÜHSOMMER BLÜHEN:

- → Anis-Ysop, *Agastache*
- → Atlas-Mohn, *Papaver atlanticum*
- → Brennende Liebe, *Lychnis chalcedonica*
- → Glockenblume, *Campanula latifolia*
- → Mädchenauge, *Coreopsis*
- → Rittersporn, *Delphinium grandiflorum*
- → Lavendel, *Lavandula angustifolia*
- → Mutterkraut, *Tanacetum parthenium*
- → Nachtkerze, *Oenothera*
- → Spornblume, *Centranthus ruber*
- → Ballonblume, *Platycodon grandiflorus*
- → Prairie-Klee, *Dalea purpurea*
- → Roter Sonnenhut, *Echinacea purpurea*
- → Altaischer/Islandmohn, *Papaver croceum*
- → Prachtkerze, *Gaura lindheimeri* ‚The Bride'
- → Rauer Sonnenhut, *Rudbeckia hirta*
- → Steppensalbei, *Slavia nemorosa*
- → Eisenkraut, *Verbena*

'Der Bartfaden ‚True Blue' ist zwar etwas unberechenbar, jedoch ein wenig extra Anstrengung mehr als wert. Er sollte als Kübelpflanze gehalten werden und im Haus überwintern, da er keinen Frost verträgt. Als Beetpflanze empfehle ich die Sorte ‚Züriblau'.

Bartfaden – das tiefste Blau

Der wunderschöne Bartfaden *(Penstemon heterophyllus)* ‚True Blue' kann dem Amateurgärtner ganz schön Kopfzerbrechen bereiten, doch ich habe eine Methode entdeckt, wie man ihm beikommen kann: Zuerst stellt man die Samen in einer kleinen Plastiktüte mit etwas angefeuchtetem Perlit für mindestens drei Wochen in den Kühlschrank. Dann werden sie in gut mit Perlit versetztes Substrat ausgesät und an einen hellen und mindestens 15 Grad kühlen Ort gestellt. Es kann einen Monat dauern, bis sich die ersten Keimspitzen zeigen, und auch danach entwickeln sich die Jungpflanzen nur sehr langsam. Beginnen Sie also zeitig im Frühling und haben Sie vor allem Geduld. Selbst wenn die Ausbeute bescheiden ist, wird das Ergebnis am Ende der Mühe wert sein.

Lavendel darf frieren

Ich hatte Lavendel *(Lavandula angustifolia)* bereits mehrmals mit unbefriedigendem Ergebnis ausgesät, bis ich dahinter kam, dass er zum Keimen Frost braucht. Das kann man sich bei einer Mittelmeerpflanze eigentlich nicht vorstellen – und war auch nicht auf den Samentüten vermerkt! Stellen Sie den Anzuchtkasten zuerst 2 Wochen an einen warmen Ort und danach (in einer Plastiktüte) für weitere 2 Wochen in den Kühlschrank. Dann keimen die Samen in der Regel rasch, wenn sie wieder in die Wärme kommen. Sollte das nicht klappen, wird die Prozedur noch einmal wiederholt. Inzwischen sind meine Lavendelpflanzen im Garten prachtvoll herangewachsen.

Schneiden Sie den Lavendel im Frühjahr in die gewünschte Form. Wenn die Blüten im Sommer rechtzeitig abgeschnitten werden, bildet sich noch einen zweite Partie.

Die Christrose *Helleborus orientalis* kann so leicht nichts erschüttern. Sie braucht weder Wärme noch nährstoffreichen Boden, um zu gedeihen.

Die Christrose sorgt für sich selbst

Die Christrose (*Helleborus orientalis*) gehört zu den Pflanzen, die sich sehr erfolgreich durch Selbstaussaat vermehren (Seite 68). Sowie man ihnen den Rücken kehrt, hat sie ihre Samenkapseln in der Umgebung ausgeleert. Die Jungpflanzen stecken ab dem Frühsommer unter der Mutterpflanze die Köpfe aus dem Boden.

Gekaufte Samen brauchen zum Keimen zuweilen ein wenig Ermunterung. Ich habe mit der folgenden Methode gute Ergebnisse erzielt: Die Samen mit heißem Wasser übergießen und ein paar Tage stehen lassen, bis sie aufquellen. Die Anzuchtkästen etwa einen Monat bei Zimmertemperatur, dann einen Monat lang im Kühlschrank lagern. Anschließend an einen kühlen Ort stellen (um 10 Grad Celsius).

Selbst geerntete Samen gedeihen besser – doch Obacht, sie sind schnell verschwunden, wenn man nicht aufpasst. Befestigen Sie eine Papiertüte über dem Samenstand, dann verschwinden die reifen Samen nicht sofort auf Nimmerwiedersehen im Erdboden. Die Samen in Pflanzgefäße säen und draußen mitsamt dem Topf in den Boden eingraben und die herangewachsenen Jungpflanzen im nächsten Jahr an die gewünschte Stelle pflanzen.

Die Samen der Christrose zu sammeln, ist gar nicht so einfach, denn sie fallen sofort auf den Boden, wenn sie reif sind. Ernten Sie die Samenkapseln, wenn sie sich zu öffnen beginnen, und lassen Sie sie auf einem Teller nachreifen. Sofort aussäen.

TIPP!

Schützen Sie die Christrosen durch eine Glasglocke im Winter vor Wind und Wetter, damit sie aufrecht stehen bleibt. Besonders effektiv ist dieser Kniff bei der weißen Christrose.

Ich habe die Stockrose *Alcea rosea* ‚Niger‘ bereits vor vielen Jahren in meinem Garten ausgesät und sie ist noch heute mein besonderer Liebling. Die Blüten bilden sich erst im zweiten Jahr nach der Aussaat. Oft stirbt die Pflanze danach ab.

Zweijährige Pflanzen – Zweistufenraketen

Wenn von einjährigen Pflanzen die Rede ist, sind damit meist Pflanzen gemeint, die nach einer Saison absterben. Das kann bei manchen Pflanzen jedoch je nach Klimazone unterschiedlich sein. Je weiter nördlich sie gepflanzt werden, desto weniger Gewächse werden einen für sie unnatürlich kalten Winter überleben, obwohl sie in ihrer warmen Heimat ursprünglich zwei- oder sogar mehrjährig sind.

Stauden sind Pflanzen, die von Natur aus mehrere Jahre alt werden und sich dabei jedes Jahr fortpflanzen. Dann gibt es noch die sogenannten zweijährigen Pflanzen, die in der Regel erst im zweiten Jahr blühen. Viele Gemüse gehören zu dieser Kategorie.

Und dann gibt es noch Pflanzen, die gewissermaßen gar nicht wissen, dass sie eigentlich zweijährig sind und die ihnen zugemessene Lebenszeit zuweilen um etliche Jahre überschreiten. Das ist oft bei Königskerzen *(Verbascum thapsiforme)*, Stockrosen und Fingerhut der Fall, wenn man den Blütenstand sehr frühzeitig abschneidet. Das signalisiert offenbar der Pflanze, dass sie noch nicht für Nachkommenschaft gesorgt hat und regt sie zu einem weiteren Wachstumsjahr an. Das ist jedoch nur eine Selbstschutzreaktion – sich selbst überlassen, pflanzen sich zweijährige Pflanzen im zweiten Jahr fort und sterben dann ab.

Ich habe bei meiner zweijährigen Stockrose *Alcea rosea* ‚Niger« schon öfter Exemplare gehabt, die mehr als zwei Jahre alt wurden. Ich habe die Samen im Juli im Gewächshaus ausgesät, doch lassen sie sich mit ebenso gutem Erfolg im Haus oder im Freien vorkultivieren. Die Keimlinge werden in Töpfe ausgepflanzt, und sobald sich über den Keimblättern das erste Blattpaar gebildet hat, ins Freie gestellt. Im Spätsommer kommen die Jungpflanzen an den endgültigen Standort im Garten. Dort bilden sie dann im Folgejahr Blüten und Samen aus.

Die Marien-Glockenblume *(Campanula medium)* wird direkt auf das Substrat gesät, denn die Samen brauchen Licht – und ein wenig Zeit – zum Keimen. Auch sie werden im Spatsommer ausgepflanzt und blühen im darauffolgenden Jahr.

ZWEIJÄHRIGE KLASSIKER

- → Vergissmeinnicht, *Myosotis alpestris*
- → Gewöhnlicher Natternkopf, *Echium vulgare*
- → Bartnelke, *Dianthus barbatus*
- → Fingerhut *Digitalis*
- → Königskerze, *Verbascum thapsiforme*
- → Goldlack, *Erysimum cheiri*
- → Levkoje, *Matthiola incana*
- → Marien-Glockenblume, *Campanula medium*
- → Mariendistel, *Silybum marianum*
- → Muskateller-Salbei, *Salvia sclarea*
- → Moschusmalve, *Malva moschata*
- → Ausdauerndes Silberblatt, *Lunaria rediviva*
- → Nachtviole, *Hesperis matronalis*
- → Vexiernelke, *Lychnis coronaria*
- → Stockrose, *Alcea*

Sie ist die erste aus Samen gezogene Japanische Pfingstrose *(Paeonia lactiflora)* in meinem Garten. Jeder Stiel bildet 3 bis 4 dicht gefüllte Blüten aus, die fast ein wenig zu intensiv duften.

Vorhergehende Doppelseite:
Das Problem mit dem Fingerhut *(Digitalis)* ist seine überaus gute Fortpflanzungskraft. Es ist fast unmöglich, bei einer gewünschten Farbe zu bleiben, denn die Nachfolgegenerationen sind meist Kreuzungen mit ganz neuen und unvorhersehbaren Farbkombinationen.

Pfingstrosen – beliebte Klassiker

Pfingstrosensamen sehen äußerst verlockend aus, doch die wenigsten meiner zahlreichen Arten im Garten habe ich selbst gesät. Ich habe mich überwiegend darauf beschränkt, ihre reiche, durch Selbstaussaat entstandene Nachkommenschaft an bessere Standorte umzupflanzen.

Die Japanische Pfingstrose *(Paeonia lactiflora)* ist die fortpflanzungsfreudigste Art in meinem Garten. Selbstaussaat kann natürlich nur stattfinden, wenn man die verwelkten Blütenstiele nicht abschneidet. Ich habe auch ein paar Saatkulturen angelegt, aber meist verschwanden die Samen sang- und klanglos aus den Töpfen. Meine erste erfolgreiche Saat brachte Pflanzen in verschiedenen Rostönen hervor. Die Blüten waren so schwer und dicht gefüllt, dass sich die Stiele nicht ohne Stütze aufrecht halten konnten. Das Seltsamste war jedoch, dass jeder Stiel drei bis vier Blüten ausbildete – das war bei keiner meiner anderen gefüllten Pfingstrosen der Fall!

Obwohl es viel Geduld erfordert, Pfingstrosen aus Samen zu ziehen, kostet es weder Geld noch allzu viel Arbeit. Und das Schöne dabei ist, dass Sie zuweilen mit Blüten in nie zuvor gesehenen Formen oder Farben belohnt werden!

Die Ansichten über die beste Anzuchtmethode für Pfingstrosen sind geteilt, daher kann es nicht schaden, selbst ein wenig herumzuexperimentieren. Die traditionelle Methode ist die Herbstaussaat, doch inzwischen ziehen viele Hobbygärtner die Aussaat im Frühjahr vor. Entscheiden Sie selbst!

HERBSTAUSSAAT

→ Die Samen sofort nach dem Öffnen der Samenkapseln ernten und 2–3 cm tief in Sand-Substratgemisch stecken. Das Pflanzgefäß sollte mindestens 12 cm Durchmesser haben.

→ Das Substrat mit einer Schicht Kies bedecken (Korngröße 2–6 Millimeter), um Algen- und Mooswachstum zu unterbinden.

→ Die Gefäße ins Freie an einen schattigen Platz stellen (Plastiktöpfe sind dafür am Besten geeignet) oder in den Boden eingraben (dafür Tongefäße verwenden).

→ Üben Sie sich in Geduld und stochern auf keinen Fall ungeduldig in den Töpfen herum.

FRÜHLINGSAUSSAAT

→ Die Samen zusammen mit etwas angefeuchtetem Moos in verschließbare Plastiktüten oder -dosen geben (über den Handel bezogene Päoniensamen werden zum Teil so geliefert) und im Vorfrühling bei Zimmertemperatur aufbewahren, bis die Keime einige Zentimeter groß sind. Das kann einige Monate dauern!

→ Die Behälter in den Kühlschrank stellen, bis sich die ersten Blätter zeigen, dann in Substrat auspflanzen. Die Pflanzgefäße kühl, jedoch frostfrei stellen.

Die reifen Pfingstrosensamen werden direkt in Pflanzgefäße ausgesät und ins Freie gestellt. Nur Geduld dabei – es dauert zuweilen Jahre, bis die Samen endlich keimen!

Noch mehr Lieblingsstauden

01. PURPURFARBENER SONNENHUT

Echinacea purpurea ‚Doppeldecker'
Der Doppeldecker-Sonnenhut ist eine Abart des Purpurfarbenen Sonnenhuts. Oft schon im ersten, aber vor allem im zweiten Blütejahr bildet sich oben auf der Kegelspitze noch eine zweite Blüte.

02. NELKEN-HYBRIDE

Dianthus ‚Color Magician'
Die wunderhübsche kleine Hybride in vielen verschiedenen Rosatönen habe ich vor Jahren einmal im Garten ausgesät. Seitdem erfreut sie mich jedes Jahr aufs Neue mit Mengen von Blüten.

03. HOHER RITTERSPORN

Delphinium elatum »Double Innocence'
Um die Jahrtausendwende habe ich für diese neue, schneeweiße Kultursorte ein kleines Vermögen bezahlt. Doch inzwischen hat sich diese Ausgabe mehr als bezahlt gemacht, denn mein Rittersporn kommt jedes Jahr wieder. Die Blütenstände werden bis zu 1,6 Meter hoch und müssen gestützt werden, damit sie nicht durch ihr Eigengewicht umkippen. Die Aussaat im beheizten Anzuchtkasten gestaltet sich problemlos.

04. BALLONBLUME

Platycodon grandiflorus
Nach der Aussaat im beheizten Anzuchtkasten (20 Grad Celsius) muss man sich ein wenig in Geduld üben, denn die empfindlichen Pflänzchen entwickeln sich sehr langsam. Bewegen Sie vor allem das Saatgefäß nicht vom ursprünglichen Standort fort! Auch als Zimmerpflanze geeignet.

05. GOLDMELISSE

Monarda didyma
Die Goldmelisse ist bei Insekten äußerst beliebt und darf daher eigentlich in keinem Garten fehlen. Bei Zimmertemperatur oder im Sommer im Freien aussäen. Goldlack ist wuchsfreudig, zuverlässig und in verschiedenen Farben erhältlich.

06. ECHTE SCHLÜSSELBLUME

Primula veris
Der Himmelsschlüssel ist eine der klassischen Frühlingsblumen. Als ich bemerkte, dass die wild wachsenden Schlüsselblumen in meinem Garten allmählich verschwanden, wurde ich selbst tätig. Die Aussaat ist kinderleicht: Einfach in feuchtes Substrat stecken und eine Woche auf die Fensterbank stellen. Die essbaren Blüten sorgen für hübsche Farbtupfer im Frühlingssalat!

01. Purpurfarbener Sonnenhut

02. Nelken-Hybride

03. Hoher Rittersporn

04. Ballonblume

05. Goldmelisse

06. Echte Schlüsselblume

07. Alpen-Mannstreu

08. Alpenpechnelke

09. Gelenkblume

10. Echeverie

11. Gelbe Waldhirse

12. Waldmeister

07. ALPEN-MANNSTREU

Eryngium alpinum

Haben die Samen nach der Aussaat bei 20 Grad Celsius nach etwa einem Monat nicht gekeimt, werden sie für 4 Wochen in den Kühlschrank, danach an einen kühlen Ort gestellt (höchstens 10 °C). Versuchen Sie es auch einmal mit Winteraussaat (Seite 50). *E. album* ‚Superbum' eignet sich besonders gut als Schnittblume.

08. ALPENPECHNELKE

Lychnis x arkwrightii

Nach der Aussaat bei 20 Grad Celsius entwickelt sich die Alpenpechnelke schnell und zuverlässig. Die Samen werden auf dem Substrat ausgestreut und mit dünnem Wasserstrahl auf der Oberfläche »festgeduscht«. Besonders schön ist ‚Vesuvius' mit ihren feuerroten Blüten und dem dunklen Laub.

09. GELENKBLUME

Physostegia virginiana

Ich liebe mein alljährliches Dickicht aus Gelenkblumen und Zierwicken! Die Samen kommen sofort für 3 Monate in den Kühlschrank oder werden im Winter im Gewächshaus ausgesät. Die Keimentwicklung erfolgt dann bei Zimmertemperatur. Selbst geerntete Samen können unerwartete Farben hervorbringen.

10. ECHEVERIE

Echeveria

Nach der Aussaat bei Zimmertemperatur kann man die Pflänzchen sich selbst überlassen, bis sie ein kleines Polster bilden. Im Haus überwintern und im Sommer als Kübelpflanze nach draußen stellen.

11. GELBE WALDHIRSE

Milium effusum ‚Aureum'

Im Frühling leuchtet mir aus dem Garten die gelbe Waldhirse entgegen. In Großbritannien nennt man sie »Bowles' Golden Grass« nach dem bekannten Gärtner E. A. Bowles (1865-1954), der diese Art aus der gewöhnlichen Hirse züchtete. Die gelbe Farbe klingt zum Herbst in allmählich ab. Aussaat im Frühsommer im Frühbeet. Das Gras ist recht kurzlebig, vermehrt sich jedoch durch Selbstaussaat.

12. WALDMEISTER

Galium odoratum

Hat sich der Schatten liebende Waldmeister einmal etabliert, vermehrt er sich durch die Bildung von Rhizomen sehr fleißig. Sein charakteristischer und sehr angenehmer Geruch ist dem Inhaltsstoff Cumarin zu verdanken. Ein Kranz aus getrocknetem Waldmeister kann ein ganzes Zimmer mit Duft erfüllen.

Für die traditionelle Maibowle hängt man ein kleines Sträußchen frischen Waldmeister in Weißwein oder Sekt. Cumarin ist leicht giftig, doch in kleinen Mengen ist es nicht schädlich und soll sogar entzündungshemmende und stärkende Eigenschaften haben.

Fantastisches Gemüse

Als die amerikanische First Lady Michelle Obama einen Teil des Rasens vor dem Weißen Haus umgraben ließ, um dort zusammen mit Schulkindern Gemüse anzubauen, begann in der USA ein wahrer Ansturm auf Gemüsesamen. Gemüse wuchs auf diesem illustren Grundstück zuletzt während des Zweiten Weltkriegs – damals als Hilfsmaßnahme gegen die allgemeine Nahrungsmittelknappheit. In der heutigen Zeit hingegen sollen damit Zeichen im Kampf gegen Übergewicht durch falsche Ernährung gesetzt werden. Wie sich die Zeiten ändern!

Inzwischen ist der Selbstanbau von Gemüse wieder ganz groß im Kommen – egal, ob man nun auf dem Lande wohnt oder in der Stadt. Tomaten, Kartoffeln und Gurken wachsen in Balkonkästen, ehemaligen Ziergärten und Schrebergärten. Sogenannte Guerillagärtner säen Gemüsesamen heimlich in öffentliche Anlagen, auf Grünstreifen oder in vergessene Hinterhöfe. Auch in meinem Garten hat Gemüse einen Stammplatz, doch ich halte mich dabei an Sorten, die wenig anfällig für Schädlinge und Krankheiten sind. Manche Sorten pflanze ich sogar in meinen Ziergarten, wenn sie dekorativ genug sind – Mangold zum Beispiel wächst bei mir in mehreren Farbvariationen.

Grünkohl *(Brassica oleracea var. sabellica)* – hier die rotlila Sorte ‚Red Russian‘ – ist wenig frostanfällig und kann bis tief in den Winter hinein geerntet werden.

Zu Großmutters Zeiten galt es als unnötiger Luxus, Ziergärten anzulegen, statt den guten Grund und Boden zum Anbau von Gemüse zu nutzen. Doch meine Oma scherte sich wenig um die Meinung der Nachbarn und widmete sich mit Hingabe der Pflege ihrer Gladiolen, die ihre Pracht in allen Farben entfalteten. Diese wuchsen jedoch in ordentlichen Reihen zwischen den Gemüsebeeten, da sie hauptsächlich als Schnittblumen fürs Wohnzimmer dienten.

Großmutter sammelte auch gern Samen aller Art und bewahrte sie in einer besonderen Dose auf. Wann immer ein Stück Garten leer geerntet war, griff sie in die Dose und streute auf gut Glück ein paar Samen in die entstandene Lücke. So wuchsen dann auf einmal Flachsblumen zwischen der Roten Bete und Ringelblumen drängten sich zwischen den Salatköpfen in einem farbenfrohen herbstlichen Durcheinander. Als Kind dachte ich, dass alle Gemüsegärten so aussähen und war bass erstaunt, als ich die ordentlichen, abgezirkelten Beete in »richtigen« Gemüsegärten zum ersten Mal sah.

Da die Auswahl an Gemüsesamen schier unendlich ist, gilt es vor allem, eine vernünftige Auswahl zu treffen. Ich baue nur die allerbesten Gemüsesorten an – die selbstverständlich auch relativ pflegeleicht sein müssen! Hier sehen Sie, was bei mir das Jahr über so wächst.

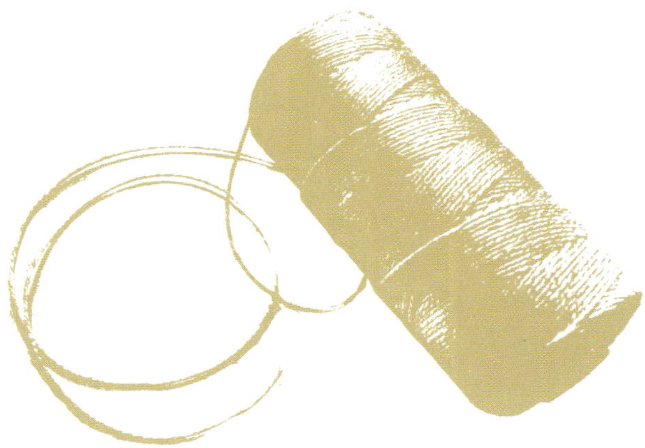

In der Anfangszeit muss junges Gemüse vor Schädlingen geschützt werden. Ein Stück Bewehrungsdraht über dem Frühbeet hält die Katzen fern.

Gemischter Salat

Bei der Aussaat von Salat sind drei wichtige Grundregeln zu beachten:

1. Temperatur: Salatsamen haben es gern kühl, sonst keimen sie nicht. Vor unserem Umzug in ein anderes Haus habe ich meine Anzuchtkästen in den Kartoffelkeller gestellt, wenn es draußen schon zu warm war. Dort wurde es nie wärmer als 18 Grad Celsius.
2. Säen Sie sparsam und in mehreren Durchgängen mit ein paar Wochen dazwischen, sonst haben Sie schnell mit einer Salatschwemme zu kämpfen. Eine andere Alternative, des Überflusses Herr zu werden, ist es, den Salat einfach ins Kraut schießen zu lassen. Sehr dekorativ!
3. Wenn der Garten von Schnecken geplagt wird, empfiehlt es sich, Salat in Pflanzkübeln zu ziehen. Ich behaupte zwar nicht, dass er dann nicht von Schnecken befallen wird, doch man kann ihnen dann besser beikommen.

Salat ist sehr gut als Randbepflanzung in Sommerbeeten geeignet. Auch mitten unter den Sommerblumen kann er sich durchaus sehen lassen. Die Auswahl an dekorativen und schmackhaften Salatsorten ist groß: Römer oder Romana-Salat, Rauke, Eichenlaub-Salat, Lollo Rosso und so weiter und so fort. Ich pflanze jedes Jahr mehrere Sorten zusammen in eine große Kupferwanne, das ist so schön wie praktisch.

Wenn man die Salatpflanzen ein Stück über dem Boden abschneidet, bilden sich sehr schnell neue Blätter, sodass man von einer einzigen Pflanze laufend neuen Salat ernten kann. Besonders im Winter verwende ich diese Methode gern. Ich kaufe frischen Salat in Pflanzgefäßen und setze ihn zu Hause in größere Töpfe um.

Rauke wird für die maximale Ausbeute über die gesamte Oberfläche der Anzuchtkästen gesät. Der Zeitpunkt spielt überhaupt keine Rolle, solange die Saat vor Frost geschützt ist. Ich habe die besten Resultate im Frühling in meinem Gewächshaus erzielt. Lassen Sie ihn im Garten ruhig

Nicht nur schmackhaft, sondern auch schön anzusehen. Salat sollte nicht zu weit vom Haus entfernt stehen, damit man daran denkt, regelmäßig zu ernten!

ins Kraut schießen – sowohl die Blüten als auch die Blätter haben einen scharfen, angenehm nussartigen Geschmack und passen ausgezeichnet in gemischte Salate.

Mein gemischter Salat besteht immer aus verschiedenen Salatsorten, sehr fein geschnittener Chilischote, Zwiebelringen und frischen Senftrieben (mehr dazu in meinem Kapitel über Küchengärten auf der Fensterbank, Seite 156) mit einer einfachen Vinaigrette aus Essig und Olivenöl. Man kann ihn nach Belieben durch andere Zutaten erweitern und zum Fleisch, Fisch oder zu Meeresfrüchten als Hauptgericht servieren.

Tomaten in allen Formen, Größen und Farben – Es ist erstaunlich, wie sehr sich das Angebot in den letzten Jahren erweitert hat.

Leckere Tomaten

Tomaten (*Solanum lycopersicum)* habe ich schon als Kind lieben gelernt. Mein Großvater zog bereits in den 1940er-Jahren Tomaten im Schutze einer sonnigen Steinmauer. Man hielt ihn deshalb für ein wenig wunderlich. Er erzählte oft davon, wie die Leute vorbeikamen, staunten und probierten – und den Bissen sofort angewidert ausspuckten. Tomaten waren damals noch fast unbekannt und schmeckten eben trotz der appetitanregenden roten Farbe unerwartet säuerlich.

Tomaten selbst anzupflanzen, hat sowohl finanzielle wie auch kulinarische Vorteile, denn es besteht ein himmelweiter Unterschied zwischen den knackfrischen, duftenden, intensiv schmeckenden Früchten aus eigenem und den faden, wässerigen Supermarktprodukten aus industriellem Anbau. Handelsübliche Tomaten haben meist eine feste Schale, die lange Transporte gut übersteht. Sie werden noch unreif gepflückt und müssen während der langen Transportwege zum Endverbraucher nachreifen.

Es ist wirklich kinderleicht, Tomaten aus Samen ziehen:

Ich verwende Pflanztabletts mit lockerem Substrat (eine Mischung aus Topfpflanzenerde und Sand, Perlit oder Blähton – je nachdem, was gerade zur Hand ist). Mit dem Bleistift bohre ich ein Loch in jedes Fach und lege je zwei Samen hinein. Dann wird das Ganze gut befeuchtet und für zehn Tage in ein beheiztes Minigewächshaus gestellt (für ausreichende Lüftung sorgen!). Danach kommt die Saat auf eine helle Fensterbank, damit sie zum Wachsen ausreichend Licht haben. Wenn sich die ersten richtigen Blätter gebildet haben, setze ich die Tomatenpflanzen mitsamt dem Wurzelballen in größere Gefäße um. Dabei entferne ich auch jeweils eine der Jungpflanzen, sofern sich beide Samen entwickelt haben. Tomatensaat hält sich bei trockener, kühler Lagerung etwa 4 Jahre lang frisch.

Wie Sie sehen, ist der Eigenanbau von Tomaten keine Kunst – das Schwierige ist inzwischen die Auswahl, denn es gibt sie jetzt in allen Schattierungen von Weiß über Gelb, Orange und Rot bis fast schwarz; gestreift, gefleckt, von winzig klein bis riesig groß. Die Geschmacksrichtungen sind ebenso breit gefächert – von zuckersüß bis säuerlich ist für jeden Gaumen gesorgt. Ich teste jedes Jahr ein paar neue Sorten. Mein Favorit ist zur Zeit die süße Kirschtomate ‚Golden Cherry', bei deren Anblick mir bereits das Wasser im Mund zusammenläuft. ‚Ananas

‚Ananas Noir' bildet riesige, zuweilen seltsam geformte, bunt gescheckte Früchte aus. Sie sind sehr lecker.

Noir' ist eine so leckere wie attraktive Fleischtomate, die ich gern für Bruschetta verwende. Ihr Fruchtfleisch ist orange, rot, gelb und grün gefleckt.

Sehr stilvoll, doch mit zäher Schale, ist die rotbraune ‚Kumato'. Es handelt sich hier übrigens nicht um einen Sortennamen, sondern um eine Produktbezeichnung. Da die Samen geschützt sind, sind sie nicht im Handel erhältlich. Doch niemand kann einen Hobbygärtner daran hindern, selbst Saat von ihnen abzunehmen. Mir waren die Tomaten im Geschäft aufgefallen, weil sie so überaus appetitlich aussahen. Leider schmeckten sie – nach Nichts! Das konnte ich nicht glauben, also trocknete ich die Samen der verbliebenen Früchte (wie das geht, lesen Sie auf Seite 23) und säte sie im kommenden Jahr selbst aus. Und siehe da – sie

‚Kumato' ist einfach perfekt: Vollendete Form, saftiges Fleisch und frisch im Geschmack.

waren wirklich überaus lecker! Auf diese Weise können Sie sich die Saat jeder Tomate sichern, die ihnen besonders gut schmeckt. Ich kenne sogar Leute, die selbst im Restaurant ein paar Tomatensamen aus dem Salat kratzen, ohne sich etwas dabei zu denken.

Obwohl ich im Winter niemals Tomaten kaufe, brauche ich dennoch nicht darauf zu verzichten. Dafür schneide ich meine reifen Tomaten nach der Ernte in Schnitze und trockne sie bei 50 Grad Celsius im Backofen. Das dauert etwa 4 bis 5 Stunden, je nachdem, wie trocken sie sein sollen und wie wasserhaltig die Sorte ist. Dann friere ich sie in verschließbaren Plastiktüten ein und lasse sie bei Bedarf in etwas Olivenöl aufquellen. Wer mag, gibt noch ein paar Knoblauchzehen und etwas Thymian dazu. Das geht natürlich mit gekauften Tomaten ebenso gut!

Chili statt Paprika

Die Samen der fruchtigen gelben Chili ‚Rocoto' sind ausnahmsweise schwarz statt wie sonst bei Chilipflanzen üblich, weiß.

Chili *(Capsicum spec.)* ist aus meiner Küche ebenfalls nicht wegzudenken. Ich verwende so gut wie nie mehr schwarzen oder weißen Pfeffer, sondern stattdessen fast nur noch Chilipulver. Eine einzige Scheibe »Habanero' in der Flasche gibt meinem Weißweinessig den besonderen Kick. Schon ein paar Tropfen davon verleihen Fleischgerichten ein wenig Schärfe. Aber Achtung: Chilischoten sind so wunderhübsch, dass man dabei schnell vergisst, wie außerordentlich scharf sie sein können!

Je kleiner die Schoten, desto schärfer sind sie in der Regel. Die Schärfe von Chili wird in Scoville gemessen. Eine gewöhnliche Paprikaschote liegt bei 0–100 Scovile-Einheiten, man kann also gerade noch etwas Schärfe herausschmecken. Die für ihr Feuer berüchtigte ‚Habanero' bringt es auf rund 350.000 Einheiten, doch es geht noch schärfer – ‚Bhut Jolokia' beispielsweise liegt bei über einer Million – ist also praktisch ungenießbar!

Wenn Ihnen eine Chilisorte besonders gut schmeckt, heben Sie einfach die Samen auf und pflanzen sie ein. Ich säe jedes Jahr milden ‚Jalapeño' oder, wie er unter Hobbygärtnern gern genannt wirt, »Russisches Roulette«, denn die Saat ist recht unberechenbar. Ich säe ihn sehr früh aus – kurz nach Neujahr – denn die Samen brauchen sehr lange, um zu keimen. Die aus Südamerika stammende runde, gelbe oder rote Rocoto-Chili ist wesentlich schärfer im Geschmack, aber meiner Meinung nach durchaus noch genießbar. Rocoto hat es gern kühl zum Keimen und kann als Kübelpflanze an einem hellen und warmen Platz im Haus überwintert werden. Ansonsten bevorzugen Chilipflanzen eher die Wärme und sind daher ausgezeichnete Gewächshauspflanzen. Die Aussaat und Aufzucht gestaltet sich wie bei den Tomaten.

Meine Chilipflanzen vertragen sich wunderbar mit der Silberrandchrysantheme *(Ajania pacifica)* im selben Pflanzkübel.

Spaghettikürbis bekommt nach dem Garen eine spaghettiähnliche Struktur und ist daher eine gute Alternative zu Pasta, wenn man auf Kohlehydrate verzichten will.

Die große Kürbisfamilie

Gurken, Kürbisse und Melonen gehören zur großen Familie der Kürbisgewächse *(Cucurbitaceae)*. Sie werden schon seit dem Altertum angebaut. Gurken *(Cucumis sativus)* sind heute aus den meisten Salaten nicht wegzudenken und sorgen für einen milden Ausgleich für diejenigen von uns, die gern scharf essen.

Gurken im Selbstanbau machen schon etwas Mühe, denn sie brauchen Wärme zum Keimen und müssen vor dem Pflanzen zuerst »gebeizt«, d.h., in Magermilch (oder heißes Wasser) eingelegt werden, um Pilzerkrankungen vorzubeugen. Die Setzlinge brauchen hohe Luftfeuchtigkeit, müssen regelmäßig gedüngt und vor allzu starker Sonne geschützt werden. Ich selber mache mir die Mühe der Vorkultur gar nicht mehr, denn meiner Erfahrung nach entwickeln sich Gurken besser, wenn man sie direkt in den Boden sät, sowie dieser eine Temperatur von über 15 Grad Celsius erreicht hat. Als Kletterhilfe verwende ich ein Stück Bewehrungsgitter.

Ich pflanze jedes Jahr Zucchini in den Garten – und nach mehreren Jahren Erfahrung habe ich auch endlich begriffen, dass eine einzige Pflanze ausreicht, um einen ganzen Haushalt zu versorgen und noch Freunde und Nachbarn damit zu beschenken. Die Früchte sollten geerntet werden, sobald sie ein paar Zentimeter dick sind – sie wachsen rasend schnell und schmecken dann einfach nicht mehr so gut. Ich verwende gern rohe, dünn geraspelte Zucchini in frischen Salaten.

Wenn Sie gern experimentieren, kann ich Ihnen den Spaghettikürbis empfehlen, der wie die Zucchini zu den Gartenkürbissen *(Cucurbita pepo)* gehört. Spaghettikürbis wird im beheizten Gewächshaus vorkultiviert und gepflanzt, wenn die Nachttemperaturen die Nullgrenze überschritten haben. Er braucht wie alle Pflanzen dieser Familie viel Wasser und regelmäßige Düngung. Der Spaghettikürbis trägt seinen Namen, weil das Fruchtfleisch nach dem Garen zu einer spaghettiartigen Konsistenz zerfasert. Man kann ihn entweder im Ganzen 15–20 Minuten in einem Topf mit Wasser kochen oder halbieren und 30 Minuten bei 200 Grad Celsius im Ofen garen. Wer es ganz knackig liebt, kratzt das Fruchtfleisch mit einer Gabel aus dem rohen Kürbis und überbrüht es kurz mit kochendem Wasser.

Die rot blühende Ackerbohne *Vica faba* ‚Crimson Flowered' erhebt sich majestätisch aus dem Gemüsebeet.

Rote und gestreifte Bete

Inzwischen gibt es neben der gewöhnlichen, rotvioletten Rote Bete *(Beta vulgaris)* auch die so genannte Ringbete ‚Tonda di Chioggia', deren Fleisch deutlich voneinander abgesetzte rote und weiße Ringel hat. Nicht viele Amateurgärtner machen sich die Mühe, Rote Bete auszusäen. Bei mir steht immer ein Gefäß mit Rote Bete-Keimen auf dem Fensterbrett, doch ich kann mir das mühselige Pikieren ersparen, denn es kommt mir ja gerade auf das Dickicht der Jungpflanzen an. Sie sind nämlich äußerst lecker als Sprossen in frischem Salat. Größere Jungpflanzen, wie frischer Spinat kurz blanchiert, sind lecker als Gemüsebeilage.

Vorhergehende Doppelseite: Ich verwende meinen Überfluss an jungen Rote Bete-Pflanzen zum Auffüllen von Lücken, die sich im Gemüsegarten nach der Ernte immer wieder auftun.

Bohnen und Erbsen

Acker- oder Pferdebohnen *(Vica faba)* werden oft als »Urbohnen« betrachtet, obwohl sie der Unterfamilie der Wicken *(Vicia)* und nicht den Gartenbohnen *(Phaseolus)* zugerechnet werden. Beide Unterfamilien gehören jedoch der Familie der Hülsenfrüchtler *(Fabaceae) an.* Da sie nicht so kälteempfindlich sind wie Gartenbohnen, kann man sie früher aussäen.

Ich liebe die alte rot blühende Art »Crimson Flowered' ganz besonders, denn sie ist so wohlschmeckend wie prachtvoll. Zusammen mit Gartenbohnensorten in Grün, Gelb oder Violett vereinen sie sich in meinem Gemüsegarten zu einer wunderbaren Farbsymphonie. Ebenso wie Gurken brauchen die empfindlichen Gartenbohnen Bodentemperaturen von über 15 Grad und müssen daher im Gewächshaus vorkultiviert werden.

Es muss nicht immer ein Spalier sein – man kann auch Pergolen und Laubengänge mit Kletterbohnen bepflanzen. Bei mir prangt so gut wie jeden Sommer ein Rosenbogen voller Feuerbohnen *(Phaseolus coccineus)* im Garten. Demnächst möchte ich mein Glück mit den wunderschönen und kletterfreudigen Sorten ‚Sunset' und ‚Cosse Violette' versuchen. Dabei werde ich mich wohl damit abfinden müssen, dass ich die Bohnen, die der Reichweite meiner Leitern entwachsen sind, nicht werde ernten können. Bohnen sollten frühzeitig gepflückt werden, bevor sie hart und mehlig werden.

Nicht alle Samen sind so hübsch verpackt wie Bohnen. Pferdebohnen sind sogar von einer schützenden Flaumschicht umgeben.

Lampionfrüchte

Wenn ich eine Obst- oder Gemüsesorte ganz besonders lecker finde, kann ich in aller Ruhe Samen entnehmen und trocknen, um sie zu Hause im Gewächshaus selbst auszuprobieren. Ich habe so ziemlich alle mitgebrachten Samen einmal eingepflanzt, aber natürlich sind am Ende nur einige wenige bei mir zu Dauergästen geworden.

Es lohnt sich, mit der Gattung der Blasenkirschen *(Physalis)* zu experimentieren – man muss allerdings etwas Platz haben, denn die Pflanzen werden ziemlich groß. Alle Arten müssen vorkultiviert werden, damit die Früchte bis zum Herbst reif werden. Die Blasenkirschen gehören wie die Tomaten zur Familie der Nachtschattengewächse *(Solanaceae)* und werden ganz ähnlich kultiviert. Die bekanntesten Arten sind Tomatillo *(P. philadelphica)*, Erdbeertomate *(P. grisea)* und Kapstachelbeere *(P. peruviana)*. Tomatillo verwendet man ähnlich wie Tomaten in herzhaften Saucen oder als Wokgemüse, während die beiden letzten Arten eher in Süßspeisen geschätzt werden. Die einzige bei uns heimische Blasenkirsche ist die ebenso schöne, aber leider nicht essbare Lampionfrucht *(P. alkekengi)*. Die Beerenfrüchte der Blasenkirschen sind mit einer papierartigen Hülle, dem ehemaligen Blütenkelch, umschlossen, was ihnen das Aussehen von kleinen japanischen Papierlaternen gibt. Kapstachelbeeren und Erdbeertomaten sind aus diesem Grund auch besonders beliebt als Dekoration auf Süßspeisen.

Kräuter und Gewürze

Ich habe immer Kräuter in meinem Garten, aber ich mache mir die Mühe mit dem Säen, ehrlich gesagt, schon lange nicht mehr. Einerseits brauchen die meisten von ihnen zum Keimen recht lange und andererseits ist der Geschmacksunterschied zu gekauften Pflanzen nicht besonders groß.

Es ist ein unvergleichlicher Luxus, einfach in den Garten zu gehen und eine Schale voll Walderdbeeren zum Dessert pflücken zu können.

Walderdbeeren – winzig und zuckersüß

Erdbeeren haben es mir angetan – wenn ich eine neue Sorte im Samenhandel entdecke, probiere ich sie aus. So bin ich auch auf die bezaubernde Walderdbeere *Fragaria vesca* ‚Yellow Wonder' gestoßen. Die Beeren schmecken genauso intensiv wie gewöhnliche rote Walderdbeeren. Außerdem wird ‚Yellow Wonder' auch von Allergikern gut vertragen – die Allergene sind nämlich an den roten Farbstoff gekoppelt!

Ich säe Walderdbeeren im Gewächshaus aus und pflanze sie dann einzeln in Anzuchttöpfe. Im Spätsommer kommen sie in den Garten, wo sie sich später selbst vermehren.

Knackige Frühlingsboten: Eine Handvoll frisch geernteter Radieschen gibt dem Salat eine pikante Note.

Radieschen zuhauf

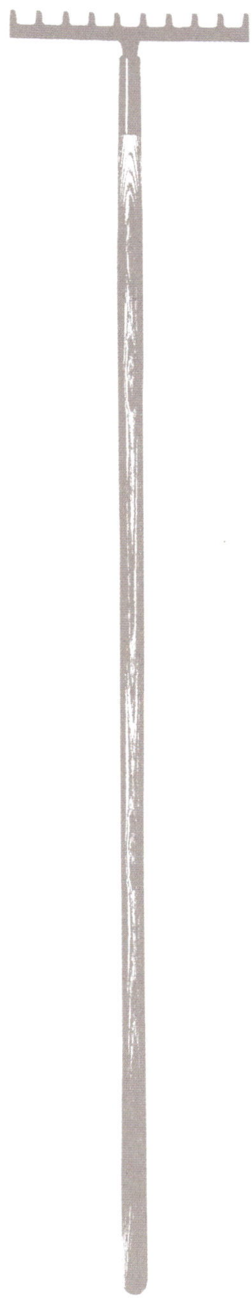

Natürlich säe ich in meinem Garten auch Radieschen *(Raphanus sativus)* aus, aber nur im Frühling. Ich lasse sie im Gewächshaus keinem und setze sie dann in ein gut gedüngtes Hochbeet um. Meine Radieschen reichen immer für etwa zehn Portionen, und danach ist es dann auch für das Jahr genug. Das Geheimnis von guten Radieschen ist gute Düngung, ausreichende Bewässerung und vor allem rechtzeitige Ernte. Wenn das Laub sich oben bereits zu verzweigen beginnt, ist es zu spät! Radieschensamen gibt es auch als Saatband zu kaufen und das ist eine sehr praktische Angelegenheit. Man spart sich das lästige Pikieren und trotzdem bekommen alle Samen die gleiche Chance, um zu wachsen und zu gedeihen.

KARTOFFELN *(SOLANUM TUBEROSUM)* KANN MAN AUCH SÄEN!

Vielleicht haben Sie die kleinen, grünen Beeren auf den Kartoffelpflanzen schon bemerkt – sie sehen Tomaten nicht von ungefähr ähnlich, denn Kartoffeln wie Tomaten gehören zu den Nachtschattengewächsen. Kartoffelfrüchte sind zwar nicht essbar, aber man kann die darin enthaltenen Samen trocknen und im nächsten Jahr aussäen. Sie müssen allerdings in Pflanzgefäße umgesetzt werden, die den Kartoffelknollen genügend Platz bieten. Das Lustige an der Sache ist, dass praktisch jede Pflanze durch Hybridisierung eine andere Sorte darstellt. Sie wird die Mutterpflanze an Qualität nicht übertreffen, ist aber ganz gewiss nicht schlechter als gekaufte Kartoffeln!

Kleine Baumschule

Früher habe ich mir sehr viel Mühe damit gemacht, Bäume aller Art aus Samen zu ziehen. Ich habe sie angefeilt, gewässert, ins Kalte gestellt, ins Warme gestellt – und alles in allem hatte ich damit sogar gute Erfolge. Doch inzwischen mache ich es mir ein wenig einfacher und daraus hat sich sogar noch eine Art Nebenhobby entwickelt: Ich gehe im Frühling auf die Jagd nach Keimlingen, die sich im unter den Bäumen aus Nüssen, Eicheln und Kastanien entwickelt haben. Diese haben dann bereits die zum Keimen nötige Kälteperiode überstanden, sodass mir diese Mühe erspart bleibt. Meine Minibäumchen sind der Stolz meiner Terrasse und ein einladender Blickfang auf der Eingangstreppe oder im Garten. Sie brauchen nur hin und wieder ein wenig Wasser und Dünger und minimalen Beschnitt.

Dass die selbst gesäte Traubenkirsche *(Prunus padus)* im Pflanzkübel so gut gedeiht, hatte ich nicht erwartet – doch bereits nach drei Jahren in Winterkälte und Sommersonne zeigen sich die ersten Blüten!

Schauen Sie beim nächsten Frühlingsspaziergang einmal im Laub unter Eichen, Buchen oder Kastanien nach frisch ausgekeimten Samen. Meist braucht man sie nur aufzuheben und in ein passendes Pflanzgefäß umzusetzen. Ein paar Monate später haben die Jungpflanzen unter den Bäumen bereits ein kleines Dickicht gebildet, das sich nur noch mit Mühe entfernen lässt. Haben die Keimlinge im Pflanzgefäß erst einmal ernsthaft zu wachsen begonnen, schneiden Sie die Wurzeln etwas zurück und setzen die Minibäumchen in (recht enge) Pflanzkübel um. Man kann auch warten, bis die Setzlinge an Ort und Stelle zu einem kleinen Bäumchen herangewachsen sind und sie dann direkt in Pflanzkübel umpflanzen.

Wenn Sie die Bäumchen partout selbst aus Samen züchten wollen, müssen Sie sich schon etwas Mühe machen. Manchmal ist es nämlich gar nicht so einfach, so einen Samen zum Keimen zu bewegen. Da muss man die harte Schale vielleicht mit Sandpapier anfeilen, um sie zu knacken, die Samen mit heißem Wasser überbrühen oder mehrere Tage lang in Wasser einweichen, um nur die einfachsten Methoden zu nennen. Im Extremfall greifen ganz entschlossene Hobbygärtner sogar zur Bohrmaschine. Manche Samen verbringen in freier Natur einige Zeit im Magen von Wildtieren, wobei die harte Schale von der Magensäure etwas aufgelöst wird. Diese Prozedur kann man mit einem Bad in Salz- oder Schwefelsäure nachahmen. Dabei ist natürlich äußerste Vorsicht geboten!

Rosskastanie

Bei einem Parkspaziergang vor zwölf Jahren entdeckte ich im Laub unter einer Rosskastanie *(Aesculus hippocastanum)* einen Keimling, der bereits damit begonnen hatte, Wurzeln auszubilden. Erstaunlicherweise existiert der daraus gewachsene Minibaum immer noch. Er steht in einem Pflanztrog aus Gussbeton, der den Wurzeln eigentlich wenig Platz bietet. Daher ist er über eine Höhe von 30 cm nicht hinausgewachsen, doch jedes Jahr wird der Stamm ein wenig dicker. Ich habe meine Minikastanie nie umgepflanzt, sondern lediglich das Substrat, so gut es geht, herausgekratzt und durch neues ersetzt. Im ersten Jahr bildeten sich ein paar Blätter in Originalgröße, die natürlich sehr unproportioniert aussahen. Ich brach sie ab und es entstanden neue, besser proportionierte. Meine Minikastanie steht im Sommer wie im Winter im Freien – in Sonne, Regen, Wind und Schnee. Wenn es draußen heiß und trocken ist, bekommt sie ein wenig Wasser und ganz selten einmal ein wenig Pflanzendünger, aber das ist auch alles. Eine pflegeleichte Attraktion!

Daher gibt es bei mir inzwischen eine ganze Reihe Kastanien-Bonsais, darunter sogar eine Esskastanie *(Castanea sativa).* Doch selbst dann, wenn sich der Baum von allein entwickelt, wird es mit der Kastanienernte nichts werden, denn die Früchte reifen nur in südlicheren Breitengraden.

Diese Mini-Rosskastanie ist mein ganzer Stolz. Sie ist erstaunlich pflegeleicht und bleibt das ganze Jahr über draußen.

Angesichts der kraftvollen Wurzel sieht man sofort, dass sich aus so einer unscheinbaren Eichel einmal ein stattlicher Baum entwickeln wird.

Eiche

Eichen *(Quercus)* werden in großen Teilen Europas mehr als 100 Jahren systematisch angepflanzt. Es ist kein Problem, sie zum Keimen zu bringen – man braucht sie nur einzupflanzen. Eichen sind dafür bekannt, dass sie eine große Anzahl von Insektenarten beherbergen. Die Jungpflanzen werden auch gern von Nagetieren angefressen. Dieses Problem stellt sich natürlich nicht, wenn man Eichen als Kübelpflanze zieht. Sie sind dann durch das geringe Substratvolumen allerdings auch frostanfällig. Eichen tun sich mit dem Überwintern im Haus schwer, da sie dann schnell austrocknen. Ich werde im kommenden Winter versuchen, meine Eichen im Kaltgewächshaus zu überwintern, wo sie vor Wind und Bodenfrost geschützt sind. Eine andere Möglichkeit wäre es, die Pflanzkübel im Herbst in den Boden einzugraben und im Frühjahr wieder auszugraben.

BÄUME BESCHNEIDEN

Ich habe in China einmal einen eintägigen Kurs über das Beschneiden von Bonsai belegt. Eigentlich ist die Kunst der Bonsaikultur jedoch eine Lebensaufgabe. Ich halte mich beim Beschneiden meiner Bäume sehr zurück und greife nur zur Gartenschere wenn einmal ein Ast in die falsche Richtung wächst oder insgesamt ein starkes Ungleichgewicht in der Wuchsform auftritt. Es geht mir vor allem um ein natürliches Aussehen. Durch das geringe Volumen des Pflanzgefäßes wird das Wachstum gebremst, der Baum bleibt sehr klein. Alle paar Jahre nehme ich ihn aus dem Pflanzgefäß und schneide die Wurzeln ein wenig zurück und füge neues Substrat hinzu. Man muss wahrlich kein Bonsai-Künstler sein, um mit wenig Aufwand einen schönen Minibaum zu erhalten!

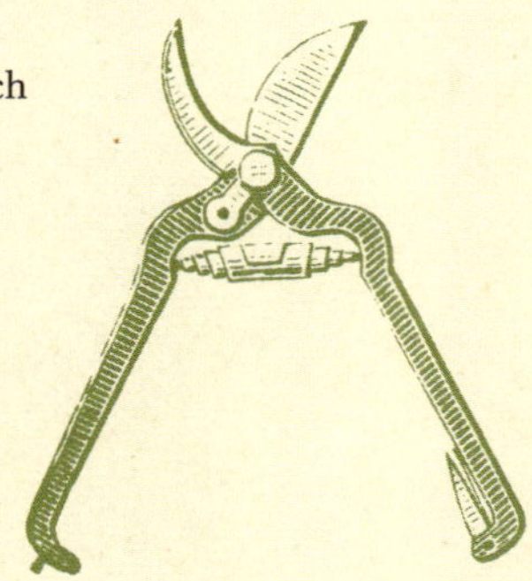

Ebereschen sind wunderschön als Minibaum, jedoch etwas empfindlich. Sie dürfen vor allem nicht austrocknen.

Eberesche

Ebereschen *(Sorbus aucuparia)*, auch Vogelbeeren genannt, habe ich bereits aus Samen gezogen und als gefundenen Keimling eingepflanzt. Das Fruchtfleisch der Beeren muss zunächst durch Wässern entfernt werden, um die Samen zu isolieren. Ich habe gute Erfahrung mit der Aussaat im Kaltgewächshaus gemacht (Anfang Februar in kleine Plastiktöpfe). Das Wachstum setzt im Spätfrühling ein. Vogelbeeren sind für Minibäume gut geeignet, doch man muss sie öfters beschneiden und vor allem darauf achten, dass sie nicht austrocknen. Wenn man einmal das Gießen vergisst, kann das schon das Todesurteil für das Bäumchen bedeuten!

Schön ist auch die Echte Mehlbeere *(S. aria)* mit den silbrigen Blattunterseiten und die Kaschmir-Eberesche *(S. cashmiriana)* mit ihren rosa Blüten und weißen Beeren. Die Zwergvogelbeere *(S. reducta)* wird von Natur aus nur 40 cm hoch.

Zierapfel

In meinem Garten stehen drei Zierapfelbäume *(Malus spec.)* Die Samen vermehren sich im Frühling wie Unkraut, nachdem das Frühlingstauwetter das verrottende Fruchtfleisch der Äpfelchen weggeschwemmt hat. Da kann man dann leicht ein paar besonders schön geformte Keimlinge ausgraben und einpflanzen. Die Zieräpfel in meinem Garten sind von Natur aus eher klein, doch als Kübelgewächs bleiben sie natürlich noch kleiner. Ich liebe es, wenn sie Im Frühling in voller Blüte stehen. Im Sommer bilden sich die kleinen roten, furchtbar sauren Äpfelchen, die bis weit in den Winter hinein an den Zweigen hängen bleiben. Ich träume davon, mir nach und nach einen blühenden Mini-Wald anzulegen.

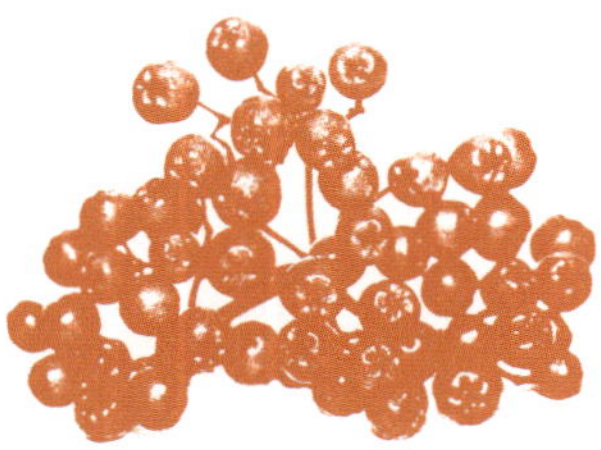

Traubenkirsche

Meine Traubenkirsche *(Prunus padus)* wächst direkt neben der Terrasse. Auf den Steinfliesen der Terrasse stehen jedes Jahr viele Pflanzkübel mit Blumen und Gemüse und da kommt es schon einmal vor, dass die Samen der Taubenkirsche darin landen und auskeimen. Im Herbst wimmelt es von Keimlingen, so dass man dann die Qual der Wahl hat. Zu meiner

Wenn man Zierapfelbäume im Garten hat, kann man sich vor deren Nachkommenschaft nicht retten. Im Frühling wachsen tausende von Keimen aus dem Boden – eine Anzucht aus Samen ist daher wirklich überflüssig!

Freude und Überraschung gedeiht die Traubenkirsche überaus gut in Pflanzkübeln. Bei mir fing sie bereits nach drei Jahren an zu blühen – zwar nur mit wenigen Blüten, aber immerhin!

Mancher mag den starken Duft der Blüten als störend empfinden, doch für mich ist er ein unverzichtbarer Sommerbote.

Fichte

Pflanzen Sie mit den Kindern zusammen ein Tannenbäumchen und sehen den feinen Nadeln beim Wachsen zu. Im zweiten Jahr kann das Bäumchen dann in den Garten gepflanzt werden.

Fichten aus Samen zu ziehen, ist recht einfach, doch weniger leicht ist es, der Samen habhaft zu werden. Wenn man im Januar einen großen, geschlossenen Fichtenzapfen abpflückt und ihn mit ins Haus nimmt, wird er sich dort in der Wärme öffnen. Mit etwas Glück findet man dann die Samen zwischen den Schuppen, sofern sie nicht schon vorher ausgeflogen sind.

Die Samen keimen bei Zimmertemperatur nach etwa zwei Wochen aus und es bildet sich ein kleiner benadelter Stamm, gerade so, als hätte man einen Fichtenzweig einfach in den Boden gesteckt. Ich weiß leider nicht, wie lange es dauert, bis daraus ein ausgewachsener Tannenbaum wird, denn nachdem ich mein Pflänzchen im zweiten Jahr hinaus auf den Rasen gepflanzt hatte, vergaß ich es leider sofort und machte ihm später mit dem Rasenmäher den Garaus.

Es gibt noch jede Menge andere Bäume, mit deren Samen man experimentieren kann. Wie wäre es mit Buchen *(Fagus)* – im Umgang ähnlich der Eiche – oder Ahorn *(Acer)*? Sogar aus gewöhnlichen Apfelbäumen *(Malus spec.)* kann man wunderbare Minibäumchen ziehen. Da es so gut wie nichts kostet, sind unserer Fantasie und Experimentierfreudigkeit keine Grenzen gesetzt!

Silberbirke im Pflanzkübel

Eine grüne Birke im März? Selbstverständlich geht das. Pflanzen Sie im Sommer einen Birkenkeimling in ein Pflanzgefäß und vergessen vor allem das regelmäßige Gießen nicht – Birken brauchen viel Wasser. Das Pflanzgefäß bleibt den Winter über draußen und wird im März ins Gewächshaus (sofern frostfrei) oder in den kältesten Raum des Hauses gestellt. Dann dauert es nicht lange, bis sich die ersten grünen Blätter zeigen. Wenn die Nachtfröste vorüber sind, kann die Birke wieder nach draußen gestellt werden.

BÄUME SÄEN

- → Lockeres Substrat verwenden – entweder fertiges Anzuchtsubstrat (das hat den Vorteil, dass es unkrautfrei ist) oder eine Mischung aus Kompost, Sand und Torf. Ich verwende eine Mischung zu gleichen Teilen mit einer Beigabe von Perlit. Andere bevorzugen Sand und Torf.
- → Die meisten Samen werden eine Kältebehandlung brauchen. Dafür entweder im Herbst ins Frühbeet oder in Pflanzgefäße säen oder die Anzuchttöpfe in den Kühlschrank stellen.
- → Pflaumen- oder Kirschsamen und die Samen anderer Obstsorten müssen bei der Aussaat frei von Fruchtfleischrückständen sein, damit sie nicht faulen.
- → Harte Samenschalen können mit einer Nagelfeile oder etwas Sandpapier angefeilt oder durch Wässern angeweicht werden.
- → Die Samen sollen bei der Aussaat so frisch wie möglich sein (möglichst direkt nach dem Einsammeln aussäen).
- → Unsicher, welche Methode die beste ist? Teilen Sie die Saat und versuchen es mit allen möglichen Methoden.

Ein Garten auf dem Fensterbrett

Wenn im Herbst die Tage länger werden und der Garten sich bereit macht für die Winterruhe, fühlt sich die Gärtnerseele hin- und hergerissen. Einerseits ist es schön, die Gartengeräte in den Schuppen zu stellen und sich anderen Dingen zuzuwenden. Doch andererseits macht sich dann schnell eine gewisse Leere breit. Doch mit ein wenig Zusatzbeleuchtung im Haus kann man sich auch in der kalten Jahreszeit über neue Pflänzchen auf der Fensterbank freuen.

Es gibt nur sehr wenige Pflanzen, die auch im Sommer lieber im Haus bleiben – warum sollte man sie dazu zwingen, wenn man einen Garten hat? Ohne eigenen Garten sieht die Sache natürlich anders aus. Ich habe draußen in meinem Garten viele Kübelpflanzen stehen, die ich während langen Schlechtwetterperioden oder zu besonderen Anlässen ins Haus bringe, um den frischen Blumenduft zu genießen.

Viele Zimmerpflanzen kann man mitten im Winter aussäen. Die kalte Jahreszeit ist außerdem ideal, um mit Samen zu experimentieren, die viel Zeit zum Keimen brauchen. Schaffen Sie sich dafür Spezial-Pflanzenleuchten an, deren Spektrum dem des Tageslichts entspricht – normale Glühlampen haben einen zu hohen Rotlichtanteil und die Pflanzen vergeilen darunter schnell. Besonders exotische Pflanzen brauchen viel Wärme, um zu gedeihen. Selbst ausgewachsene Pflanzen vertragen keine

Pelargonien bilden Samen aus, wenn sie den Sommer im Freien verbringen können. Die Blätter von *Pelargonium acetosum* haben einen leicht säuerlichen Geschmack, der an Sauerampfer erinnert.

Wenn man die Schwarzäugige Susanne mit der Schere etwas zurückschneidet, entwickeln sich schnell neue Blüten.

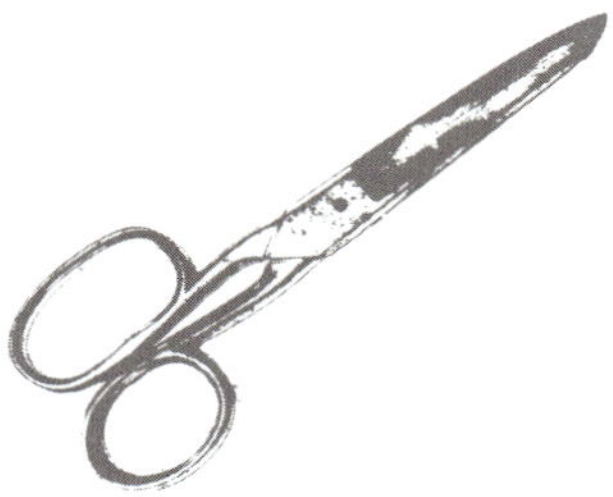

Minustemperaturen und kümmern oft bereits bei Temperaturen um 10 Grad Celsius vor sich hin. Lassen Sie sich dafür stets vom Fachmann beraten.

Schwarzäugige Susanne – die Fensterbrett-Favoritin

Bei vielen Zimmerpflanzen ist es besser, sie jedes Jahr aufs neue auszusäen, da sie sonst schnell ausufern. Ein gutes Beispiel dafür ist die Schwarzäugige Susanne *(Thunbergia alata)*, eine Kletterpflanze, die bis zu 150 cm hoch werden kann. Zwar trägt sie ihren Namen wegen der gelben Blüten mit schwarzem Zentrum, doch inzwischen gibt es auch einfarbig weiße, orangefarbene und lachsfarbene Blüten. Ich persönlich finde allerdings, dass das schwarze Auge schon sein muss.

Die hartschaligen Samen müssen etwa 12 Stunden gewässert werden und brauchen ein beheiztes Mini-Gewächshaus. Ich pflanze in jedem Frühjahr etliche Pflanzen in den Garten und stelle auch einige auf das Fensterbrett. Sie erfreuen mich den ganzen Sommer über mit ihrer Blütenpracht.

Jacaranda – ein Hauch von Mittelmeer

Wer im Frühsommer einmal im Süden war, wird die blaue Blütenpracht entlang der Alleen kaum vergessen. Ich habe die ursprünglich aus den tropischen und subtropischen Regionen des amerikanischen Kontinents stammende Jacaranda *(Jacaranda mimosifolia)*, auch Palisanderholzbaum genannt, das erste Mal während einer Konferenz auf Madeira entdeckt und sofort ein paar Kapselfrüchte aufgehoben. Die Samen entwickelten sich bei 25 Grad Celsius sehr schnell und die Jungpflanzen waren von Anfang an richtige kleine Schönheiten.

Um die vorletzte Jahrhundertwende, als durch die meist mit schweren Vorhängen versehenen Fenster kaum Tageslicht gelangte, waren exotische Zimmerpflanzen sehr in Mode. Damals erfreute sich auch der Palisanderholzbaum großer Beliebtheit. Als Zimmerpflanze bleibt er zwergwüchsig, in seiner Heimat jedoch wird er bis 15 Meter hoch. Zu Strindbergs Zeiten kamen die Pflanzen nie zur Blüte, da es ihnen an Licht fehlte. Mein Bäumchen jedoch setzte zu meiner Überraschung schon nach wenigen Jahren ein paar Blüten an!

Die wunderschönen blauen Blüten der Jacaranda verbreiten eine Atmosphäre von Sonne und Süden. Mit sehr viel Glück blühen sie auch als Zimmerpflanze.

Der betörende Duft der Engelstrompete ist am Abend besonders stark.

Jacaranda ist leicht zu ziehen und hat die Tendenz, sehr schnell zu wachsen. Die Bäumchen müssen jedes Jahr kräftig zurückgeschnitten werden – bei mir bleibt dabei nur ein etwa 1 Meter hoher Stamm stehen. Mein Palisanderholzbaum steht an einem hellen Standort, an dem im Winter jedoch höchstens 3–4 Grad Celsius herrschen. Er verliert daher im Winter sein Laub. Blühen wird er höchstens bei tropischen Temperaturen im Gewächshaus, doch auch ohne die charakteristischen blauen Blüten ist er eine sehr dekorative Pflanze.

Ein Abenteuer mit Engelstrompeten

Vor vielen Jahren hatte es mich einmal tief ins Landesinnere von Kenia verschlagen. Dort erhob sich zwischen rostigen Ölfässern und im Staub scharrenden Hühnern ein einzigartiger Baum – vier Meter hoch und über und über mit riesigen, trompetenförmigen weißen Blüten behängt. Ich habe diesen Anblick nie vergessen.

Inzwischen sind Engelstrompeten *(Brugmansia suaveolens)* auch in Nordeuropa überaus beliebt. Damals jedoch schlugen meine ersten Versuche mit den mitgebrachten Samen fehl. Die wenigen Keimlinge, die sich entwickelt hatten, blieben allesamt ihn ihrer harten Samenschale stecken. Diese ließ sich nicht entfernen, ohne den Keimling zu beschädigen und so ging die gesamte Saat leider ein. Die verbliebenen Samen behandelte ich mit Sandpapier und legte sie einen Tag lang in Wasser. Die Aussaat im beheizten Minigewächshaus gestaltete sich schon wesentlich erfolgreicher, wenn auch immer noch sehr ungleichmäßig. Doch dann musste ich bald einsehen, dass Engelstrompete sich nicht als Fernsterbrettpflanze eignet, denn die Jungpflanzen wuchsen enorm schnell und wurden riesengroß. Engelstrompeten brauchen mindestens einen Balkon, ums sich optimal zu entfalten. Sie lassen sich übrigens wunderbar durch Stecklinge vermehren.

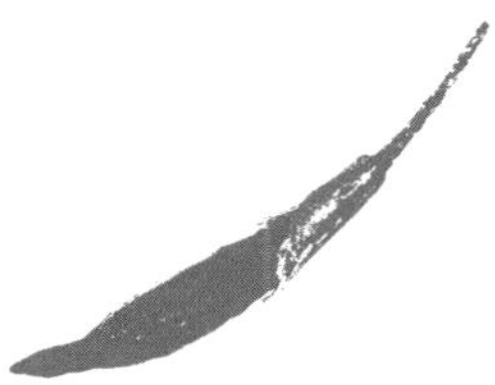

Die imposanten Trompetenblüten des Stechapfels stehen aufrecht.

Gemeiner Stechapfel

Früher wurden Engelstrompeten und Stechäpfel derselben Gattung zugeordnet, doch heute unterscheidet man zwischen Engelstrompeten *(Brugmansia)* und Stechäpfeln *(Datura)*. Beide gehören jedoch zu den Nachtschattengewächsen *(Solanaceae)*. Rein optisch liegt der Hauptunterschied darin, dass die Blüten der Engelstrompeten hängen, während die der Stechäpfel aufrecht stehen. Alle Mitglieder der *Datura*- und *Brugmansia*-Gattung sind übrigens giftig und sollten mit äußerster Vorsicht gehandhabt werden.

Stechäpfel lassen sich problemlos aus Samen ziehen und sie wachsen ebenso schnell und kraftvoll wie Engelstrompeten. Nach der ersten Kultur braucht man eigentlich keine Samen mehr zu kaufen, denn die Pflanzen sorgen selbst für reichlichen Nachschub. Das ist auch gut so, denn es lohnt sich eigentlich nicht, Stechapfel überwintern zu lassen. Ich habe gute Erfahrungen mit dem Großblütigen Stechapfel *(D. inoxia)* und der Teufelstrompete *(D. metel)* gemacht.

Die Samenkapsel des Stechapfels ist mit spitzen Dornen bewehrt. Die reifen Kapseln springen auf und verstreuen ihre Samen in der unmittelbaren Umgebung.

Die hellvioletten Blüten der Lavendelmalve wirken so zart und duftig wie Seidentücher.

Lavendelmalve für den Wintergarten

Wintergärten und verglaste Balkone sind ideal für Topfpflanzen, die keinen Frost vertragen, zum Beispiel die betörende Lavendelmalve *(Abutilon vitifolium)*. Die blühfreudige Pflanze wird bis zu 150 cm hoch und muss während des Wachstums gut beschnitten werden, damit sie sich buschig verzweigt. Sie überwintert bei 7 Grad Celsius und braucht während der Ruhephase nur sparsam gegossen zu werden.

So pflegeleicht im Garten wie im Wintergarten sind die bereits im Sommerblumen-Kapitel erwähnten zartfarbigen Schönmalven *(Abutilon)*. Im Sommer sind sie eine Zierde für jedes Gartenbeet und im Spätwinter bis Frühling ein gern gesehener, anmutiger Gast im Wintergarten.

Pelargonien gedeihen immer

Ein guter Freund von mir fing an, sich für Pelargonien zu begeistern und ist ihnen mittlerweile mit Haut und Haaren verfallen. Inzwischen haben sich die auf dem Fensterbrett gezogenen Legionen von Stecklingen und Setzlingen über das ganze Haus verteilt, sodass man inzwischen den Eindruck hat, es wäre ein einziger Wintergarten – voller Pelargonien, versteht sich.

Ich kann seine Liebe zu diesen Pflanzen zwar verstehen, stehe ihnen aber dann doch ein ganz klein wenig distanzierter gegenüber. Inzwischen ist die Auswahl an Samen nahezu unbegrenzt; von einfachen Zonalpelargonien bis hin zu den größten Raritäten kann man alles finden. Außerdem bilden die Pflanzen selbst fleißig Samen aus, sofern eine Bestäubung der Blüten stattfinden kann. Bei Zimmerpflanzen reicht es schon, ein paar Stunden lang das Fenster aufzulassen. Dann braucht man die Samen nur einzusammeln, bevor sie sich selbst aussäen.

Für die Aussaat bevorzuge ich Torf-Quelltöpfe. Es gibt sie als Mini-Gewächshäuser mit Plastikdeckel für je 10 Quelltöpfe – ideal für Pelargonien, da diese nicht so schnell in die Höhe schießen.

Bei Zonal- oder Gürtelpelargonien bilden sich die Keimblätter nach etwa einer Woche bei Zimmertemperatur. Bei Wildsorten kann dies allerdings beträchtlich länger dauern. Sowie die Wurzeln den Quelltopf durchdrungen haben, werden die Jungpflanzen in Sand-Substratgemisch umgesetzt. Man kann Pelargonien problemlos mitten im Winter aussäen, solange man zusätzliche Spezialbeleuchtung einsetzt.

Blauglöckchen – Omas Lieblinge

Browallien sind im feuchten Schatten der Regenwälder zu Hause und brauchen daher sehr viel Feuchtigkeit.

Blaue Browallien *(Browallia speciosa)* – es gibt nämlich auch weiß blühende Sorten – erinnern mich an die Sommerferien, die ich als Kind bei meiner Großmutter verbrachte. Sie hatte stets ein Blauglöckchen auf dem Fensterbrett stehen und düngte und pflegte es mit Hingabe. Das wurde ihr mit einer üppigen blauen Blütenpracht gedankt. Die winzig kleinen Samen werden auf das Substrat gestreut und mit Wasser besprüht. Eine Abdeckung ist nicht nötig. Nach zwei Wochen bei Zimmertemperatur zeigen sich die ersten Keimlinge. Da die Pflanzen ursprünglich aus dem Regenwald stammen, müssen sie im Sommer vor direkter Sonne geschützt werden und brauchen viel Feuchtigkeit. Hier lohnt sich ein automatisches Bewässerungssystem, denn wenn man das Gießen nur ein paar Mal vergisst, kann es das Ende der Pflanze bedeuten.

Ein Küchengarten im Fenster

Ein Kräutergarten im Winter? Warum nicht! Man kann auf der Fensterbank den ganzen Winter über etwas Essbares züchten. Geeignete Samen gibt es sowohl im Gartenhandel als auch im Supermarkt. Denken Sie daran, dass Sprossensamen aus dem Supermarkt meist in größeren Packungen erhältlich sind als Gartensamen und dadurch deutlich billiger in der Anschaffung werden. Es gibt im Fachhandel spezielle Gläser oder Kästen zur Anzucht von Sprossen.

So ein Fensterbank-Kräutergarten macht nicht einmal besonders viel Schmutz, denn man bracht dafür kein Anzuchtsubstrat. Einige Lagen feuchtes Küchenpapier in Plastikgefäßen, Schälchen, Tassen, Muffinförmchen oder was sonst zur Hand ist, reichen völlig aus – sofern diese wasserdicht sind, versteht sich. Das Küchenpapier gut mit Wasser tränken, die Samen darauf streuen und etwas andrücken und mit etwas Plastikfolie abdecken – fertig. Achten Sie darauf, dass das Papier nicht austrocknet.

Auf meinem Fensterbrett wachsen das ganze Jahr über frische Keime für die gesunde Küche: links Erbsen, rechts Brokkoli und hinten verschiedene Senfsorten.

Meist dauert es nur wenige Tage, bis die Keime in die Höhe schießen. Wenn die Sprossen ein paar Zentimeter hoch sind, werden sie geerntet und eine neue Aussaat kommt an ihre Stelle. Besonders Kinder lieben diese Art der Kleingärtnerei, sie sollten daher nach Möglichkeit mit einbezogen werden!

Studien an der Universität von Ulster in Irland haben ergeben, dass eine tägliche Portion frischer Sprossen (zum Beispiel Radieschen oder Brokkoli) gut für das Allgemeinbefinden ist und sogar das Immunsystem stärken kann. Es ist also nicht nur schmackhaft, sondern gut für die Gesundheit!

Und wer sagt denn eigentlich, dass Sprossen fade schmecken? Hier kommen selbst diejenigen auf ihre Kosten, die gern scharf essen. Die Keime der Gartenkresse *(Lepidium sativum)* sind schon seit dem 18. Jahrhundert als pikantes Küchenkraut beliebt. Hier macht es nichts, wenn die

Die Keime können geerntet werden! Spezielle Keimkästen gibt es fertig zu kaufen. Man braucht nur von Zeit zu Zeit das Wasser zu wechseln.

Samen dicht gesät werden. Die Keime von schwarzem oder weißem Senf *(Brassica nigra* bzw. *alba L.)* sind sich geschmacklich sehr ähnlich. Sie werden geerntet, sowie sich die ersten grünen Blätter zeigen und geben auch einfachen Gerichten den gewissen Kick. Verwenden Sie dafür die Samen aus dem Kräuterregal de Supermarkts. Radieschen und Eiszapfenkeime *(Raphanus sativus)* schmecken angenehm scharf und pfeffrig und keimen ebenfalls sehr leicht.

Sonnenblumen- oder Erbsenkeime gibt es fertig zu kaufen, doch es macht viel mehr Spaß, sie selbst zu ziehen – und Sie wissen dann zudem noch, dass die Sprossen absolut frisch und schadstofffrei sind. Selbst gezogene Erbsensprossen mögen anders aussehen als gekaufte, aber ich versichere Ihnen, dass sie viel besser sind und vor allem nach Erbsen schmecken. Getrocknete Erbsen aus dem Supermarkt sind wesentlich billiger als Saaterbsen aus dem Gartencenter! Erbsen werden über Nacht gewässert und dann wie gewohnt auf Küchenpapier ausgesät. Die Sprossen können innerhalb von 7–10 Tagen geerntet werden.

Die milden Sonnenblumenkerne keimen schnell und können auch in Gläsern gezogen werden. Mangold, besonders der rotstämmige, sorgt für attraktive Farbtupfer im Salat.

GUT ZU WISSEN!

Brokkoli gehört zu den gesündesten Gemüsesorten. Er enthält viel Kalium sowie die Antioxidantien Folat und Karotin. Brokkolisprossen sind sogar noch reicher an diesen wichtigen Aufbaustoffen als ausgewachsener Brokkoli. Sie haben einen feinen Kohlgeschmack und sind kinderleicht auf Küchenpapier zu ziehen.

Gartenerde und Zubehör

Manche Menschen gelingt einfach jede Saat – sie haben eben einen »grünen Daumen«. Fragt man sie nach ihrem Geheimnis, antworten sie meist mit einem verlegenen Achselzucken, dass sie doch eigentlich gar nichts Besonderes täten. Genau wie Mutter ihre unvergleichlichen Frikadellen einfach aus dem Handgelenk herzaubern kann, haben diese Hobbygärtner einfach so lange herumprobiert, bis ihnen die Sache wie von selbst von der Hand zu gehen scheint. Alte Hasen sagen, dass man die richtige Gartenerde am Geruch erkennt und daran, wie sie sich zwischen den Fingern anfühlt. Es empfiehlt sich daher, mit bloßen Händen zu gärtnern, auch wenn das Substrat die Hände schnell austrocknet.

Perfekt gemischte Pflanzenerde ist Voraussetzung für den Erfolg aller Aussaaten

Anzuchtsubstrat selbst herstellen

Es ist gar nicht so schwer, das richtige Substratgemisch zur Saatkultur selbst herzustellen. Ich verwende schon seit Jahren kein gekauftes Substrat mehr. Hier ist mein Rezept:

→ Mit Dünger angereichertes Pflanzsubstrat.

→ Einfache, preiswerte Gartenerde (von der Sorte »2 Säcke zum Preis von 1«).

→ Mineralische Zusätze wie Vermiculit, Perlit, Blähton oder Sand.

Garten- und Küchenabfälle, sofern darin keine Samen enthalten sind, wandern bei mir auf den Komposthaufen.

→ Das gedüngte Pflanzsubstrat wird mit dem Zusatz gemischt (ein paar Handvoll auf einen Haushaltseimer voll Substrat). Das Pflanzgefäß knapp zur Hälfte mit dem Gemisch füllen. Darauf kommt die normale Gartenerde. Das Substrat zuerst gut gießen, dann säen und das Ganze mit einer Schicht Vermiculit bestreuen. Den Pflanztopf in ein Mini-Gewächshaus stellen oder mit Folie abdecken.

Das Wachstum spielt sich nun in drei Stufen ab:

1. Die Samen keimen in der feuchten Vermikulitschicht.
2. Die Wurzeln entwickeln sich in der einfachen Gartenerde.
3. Wenn sich die Blätter bilden, haben die Wurzeln die gedüngte Substratschicht erreicht und beziehen daraus zusätzliche Kraft.

Wenn man im Winter säen will, sollte man sich rechtzeitig darauf vorbereiten. Pflanzsubstrat ist im Winter nicht immer ohne Weiteres zu bekommen und es macht keinen Spaß, hart gefrorenen Sand darunter zu mischen. Außerdem ist gekauftes Substrat nicht immer so verlässlich, wie man meinen sollte. Es wird bei langer Lagerung zuweilen hart oder klumpig. Die Pflänzchen dürfen auch nicht allzu viel Wasser haben – denken Sie daran, dass Pflanzen im Grunde nicht einmal Erde brauchen, um zu wachsen!

Wenn Sie kein Risiko eingehen wollen, nehmen Sie im Winter ein einfaches Torf-Sandgemisch und geben beim Gießen stets ein wenig Dünger mit ins Wasser. Die Wurzeln werden durch den Torf gestützt und der Sandanteil macht den Boden so durchlässig, dass sie genügend Sauerstoff bekommen.

Anzucht in Komposterde?

Ich habe schon oft mit mineralischen Zusatzstoffen gemischten Kompost als Anzuchtsubstrat verwendet. Es wird gern behauptet, dass Kompost zu nährstoffhaltig für Saatkultur sei, aber das gilt nur für Thermokompost, vor allem, wenn darin tierische Abfälle enthalten sind. Das Problem ist eher, dass in Gartenkompost oft auch andere Samen enthalten sind, zum Beispiel von verblühten Blumen oder Unkraut, wenn diese aus Faulheit einfach auf den Kompost geworfen wurden. Wenn man diesen Kompost aus Anzuchtsubstrat verwenden will, muss er erst im Backofen sterilisiert werden und das ist eine so unangenehme wie unzuverlässige Prozedur. Außerdem werden dadurch auch nützliche Mikroorganismen und Regenwürmer getötet.

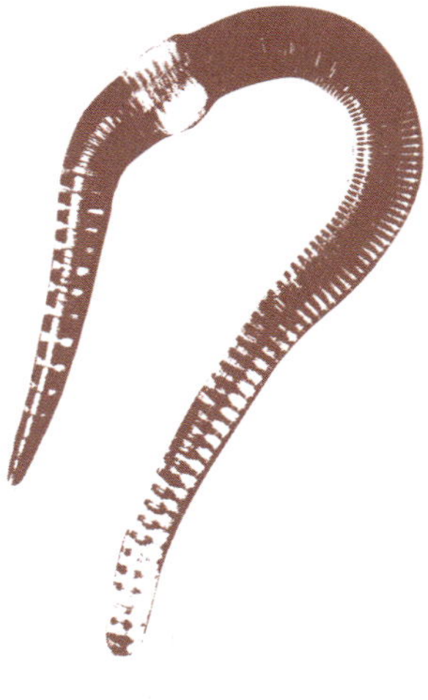

Auf meinen Kompost kommen inzwischen nur pflanzliche Abfälle, Kaffee- und Teefilter sowie Gartenabfälle, sofern sich darin keine reifen Samen befinden. Die Ausbeute sind mehrere Liter gute Gartenerde pro Jahr. Da der Boden in unserer Gegend sehr fest und lehmig ist, freut sich mein Garten über ein Gemisch aus Kompost, Stalldünger und Torf, sofern zur Hand. Auch für Kübelpflanzen ist diese Mischung wunderbar geeignet und ich verwende sie, wie gesagt, mit guten Ergebnissen für die Saatkultur.

Zusätze – ja oder nein?

Bei mineralischen Zusätzen scheiden sich die Geister. Für mich ist es vor allem eine Frage der Bequemlichkeit. Ich habe lange herumexperimentiert, bis ich die richtige Mischung gefunden habe. Das Substrat soll locker, also luftdurchlässig sein, Feuchtigkeit speichern können und genug Nährstoffe für das Pflanzenwachstum enthalten. Ich bevorzuge die folgenden Zusatzstoffe:

BLÄHTON

Blähton ist auch unter der Bezeichnung Leca (»lightweight expanded clay aggregate«) bekannt und besteht aus leichten Tonkügelchen, die durch das Brennen im Ofen aufgebläht werden. Blähton wird vor allem in der Bauindustrie als Zuschlagstoff verwendet, ist aber auch im Garten- und Landwirtschaftsbau als Zusatzstoff beliebt. Man verwendet ihn in verschiedenen Korngrößen zur Auflockerung des Bodens, als Schüttung gegen die Austrocknung der Erdoberfläche und als Dränageschicht am Boden von Pflanzgefäßen.

PERLIT

Perlit ist ein natürlich umgewandeltes vulkanisches Glas. Durch die hohen Temperaturen bilden sich in dem Glas Risse, durch die Wasser eindringt und es weiter in winzige Kristalle zerlegt. Durch Erhitzen auf etwa 900 Grad Celsius bläht sich Rohperlit zu Blähperlit auf. Das Material ist keimfrei, wasserabweisend und daher gut zur Auflockerung von Substrat geeignet (für Fuchsien zum Beispiel wird stets Perlit verwendet). Es ist lichtdurchlässig und daher ideal zur schützenden Abdeckung von Saatgut, das zum Keimen Licht benötigt. Der Nachteil ist, dass sich das weiße Granulat unschön in der Gartenerde ausmacht.

SAND

Auch Sand wird zur Auflockerung des Substrats verwendet sowie zur Abdeckung bei Saatgut, das lange Zeit zum Keimen benötigt, wie etwa manche Stauden. Die Sandschicht hält Keime und Algen von der Saat fern, sollte aber nicht zu dick sein, damit sich Keime später nicht mühsam ihren Weg ins Freie bahnen müssen. Er sollte weder zu feinkörnig noch zu grobkörnig sein – ideal ist eine Korngröße von 2–6 mm.

VERMICULIT

Vermiculit ist ein Mineralstoff, der beim Aufnehmen von Wasser etwas anschwillt. Er ist daher ideal zum Auflockern und feucht halten von Anzuchtsubstrat. Samen, die eine Kältebehandlung benötigen, kann man in einer Plastiktüte zusammen mit einer Prise angefeuchtetem Vermiculit in den Kühlschrank stellen. Manche Samen werden sogar in Vermiculit verschickt.

TORF

Eine Mischung zu gleichen Teilen aus Sand und Torf, nach Wunsch mit einer kleinen Beigabe von Perlit, ist das ideale Anzuchtsubstrat für Saatgut, das sich zum Keimen viel Zeit lässt – meist sind das Samen, die Wärme und Kälte brauchen.

WALLFLOWER

Die richtige Ausstattung

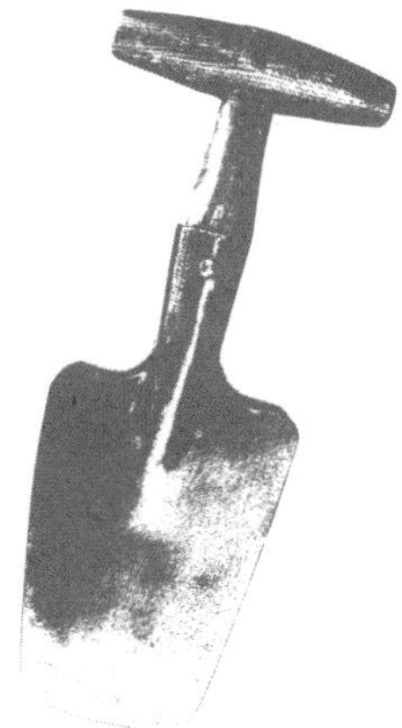

Zur Saatkultur braucht man im Wesentlichen Anzuchtgefäße aus Plastik, Substrat, Mini-Gewächshäuser und eine Gießkanne mit feinem Gießaufsatz. Die Hauptsache ist, dass die Keime ihre Köpfe aus dem Boden stecken. Aber es macht ja schließlich auch Spaß, sich nach ein wenig zusätzlichem Zubehör umzusehen.

Früher säte man die Samen in kleine Pflanzttöpfe aus Ton und stellte diese in ein Sandbeet. Gegossen wurde nicht direkt auf die Töpfe, sondern über die gesamte Sandfläche, denn die Feuchtigkeit wurde durch die Tontöpfe an das Substrat weitergeleitet. Hat man kein Sandbeet, ist man mit Anzuchtgefäßen aus Plastik allerdings besser beraten.

DER ARBEITSTISCH

In den ersten Jahren stand ich über meine mit Substrat gefüllte Schubkarre gebückt, um die Pflanzgefäße zu füllen. Das war natürlich gar nicht gut für mein Kreuz und darum schaffte ich mir auch alsbald einen Arbeitstisch an. Inzwischen besitze ich ein gut ausgestattetes Gewächshaus mit reichlich Platz für einen richtigen Pflanztisch. Ich schwöre inzwischen auf meine Plastik-Pflanzwanne mit Aufsatz für allerhand Zubehör. Die Dose mit Vermikulit steht immer griffbereit, denn in jedes Pflanztöpfchen bekommt eine Prise davon, damit das Substrat länger feucht bleibt.

Mein Tisch ist 86 cm hoch, damit ich daran bequem im Stehen arbeiten kann. Die hohen Kanten verhindern, dass Sand oder Substrat auf dem Boden fällt. Darunter befindet sich eine Ablage für allerhand notwendiges und unnötiges Beiwerk. Durch das leichte Aluminiumgestell lässt sich der Tisch problemlos umsetzen – bei gutem Wetter arbeite ich nämlich gerne draußen.

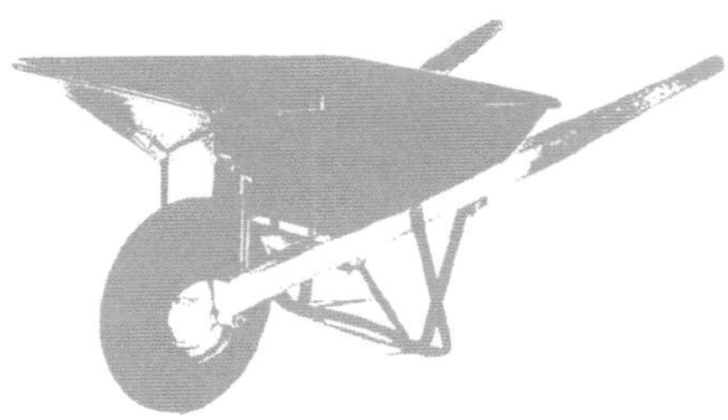

Wichtiges Zubehör

PFLANZSCHAUFEL

Ohne Schaufel geht gar nichts. Meine ist eine Nachbildung der Holz- oder Metallschütten, die früher in den Kolonialwarenläden zum Abmessen von loser Ware wie Mehl oder Getreide verwendet wurden. Ich habe sie vor Jahren einmal im Kaufhaus entdeckt und ich mag sie nicht mehr missen, denn durch die hohen Kanten kommt man besonders gut an den Inhalt von Säcken oder Kisten.

PFLANZENKISTE

Meine Stiefmütterchen stehen hier in einer inzwischen recht alten Holzkiste mit Innenfächern und Tragegriff. Sie ist zwar mehr schön als praktisch, aber ich verwende sie gern, um darin Jungpflanzen zum Umsetzen in den Garten zu transportieren. Jede Arbeit macht nun einmal besonders viel Spaß, wenn man sie mit Werkzeug verrichten kann, das besonders schön ist oder einen ideellen Wert hat. Es muss nicht immer Plastik sein!

BRETT ZUM GLÄTTEN

Ich habe lange Zeit nicht glauben wollen, dass es wirklich sinnvoll ist, das Substrat vor der Aussaat zu glätten. Doch man erreicht dadurch, dass alle Samen auf der gleichen Höhe liegen und sich ebenmäßig entwickeln. Meistens ...

ANZUCHTTÖPFE AUS PLASTIK

Ich verwende nur eckige Anzuchtgefäße, weil man dadurch viel Platz spart. Außerdem vermeide ich schwarz, weil es den Pflanzen darin an sonnigen Tagen schnell zu heiß werden kann. Leere, saubere Joghurtbecher beispielsweise sind für die Anzucht sehr gut geeignet.

PFLANZETIKETTEN

Ohne genaue Kennzeichnung vergisst man leider sehr schnell, was man eigentlich ausgesät hat. Diese weißen Plastiketiketten kann man mit Bleistift beschriften, doch leider sind sie sehr auffällig. Außerdem werden sie von Katzen und anderen Schädlingen gern ausgegraben. Für Etiketten mit anderen Farben oder aus anderen Materialien braucht man Spezialstifte, die weder verwischen noch im Sonnenlicht verbleichen. Manche Hobbygärtner verwenden sogar Lamellen aus alten Jalousien als Etiketten.

ARBEITSHANDSCHUHE

Ich mag zwar das Gefühl frischer Gartenerde an den Fingern, aber manchmal ist es doch besser, Handschuhe zu tragen. Außerdem trocknet die Haut durch das Hantieren mit Erde sehr schnell aus. Die Handschuhe sollten jedoch so weich und geschmeidig sein, dass man damit relativ ungehindert arbeiten kann.

PFLANZHOLZ

Das kleine Aluminiumwerkzeug verwende ich beim Pikieren von sehr kleinen oder empfindlichen Pflanzen, denn man kann sie damit in einem einzigen Arbeitsgang ausheben und umsetzen. Das mittlere Holz hat horizontale Markierungen für unterschiedliche Pflanztiefen. Mit dem schmalen Ende des rechten Stabes werden Löcher in die Erde gemacht und mit dem anderen Ende wieder zugeschoben.

Anzuchttabletts

Ein Anzuchttablett, bestehend aus vielen zusammenhängenden Anzuchttöpfen, ist ideal, wenn Sie viele Pflanzen von derselben Sorte kultivieren. Haben Sie nur einige wenige Samen mehrerer verschiedener Sorten, ist es jedoch weniger praktisch – vor allem, wenn die Samen unterschiedlich lange zum Keimen brauchen.

Ich stelle die kleinen Gewächshäuser auf eine Heizmatte mit Thermostat. Der Saat bekommt das sehr gut.

Beheizung beschleunigt das Wachstum

Ein beheizbares Mini-Gewächshaus ist unverzichtbar für die Vorkultur von exotischen oder Wärme liebenden Pflanzen. Es gibt sie in vielen verschiedenen Größen und Ausführungen – sogar mit Thermostat, was sehr praktisch ist. Alle haben einen Plastikdeckel mit regelbaren Lüftungsklappen. Die Vorkultur im beheizten Minigewächshaus vollzieht sich wesentlich schneller als ohne Beheizung – Tomaten brauchen zum Keimen dann meist nur wenige Tage. Man muss sie jedoch stets im Auge behalten, denn das Substrat trocknet natürlich sehr schnell aus, wenn man nicht regelmäßig gießt. Abends wird die Beheizung abgeschaltet, denn die Pflanzen haben es nachts gern kühl. Bei warmem Wetter müssen die Klappen geöffnet oder der Deckel ganz abgenommen werden, damit es nicht zu heiß wird.

In meinem Gewächshaus verwende ich keine beheizbaren Minikästen, sondern stelle normale Mini-Gewächshäuser oder Anzuchtkästen mit Folienabdeckung auf eine Heizmatte mit Thermostat. Durch die Kombination warme Wurzeln – kühlere Umgebung gedeiht die Saat ausgezeichnet. Vor allem vergeilen die Keimlinge dabei nicht so leicht.

Licht ist lebenswichtig

Bei mir überwintern viele Pflanzen im Keller. Sie brauchen jedoch trotz allem etwas Licht. Ich verwende dafür eine Natriumdampflampe. Sie ist sehr schwer (9,7 kg) und muss daher sicher aufgehängt werden. Meine Leuchte deckt etwa 8–10 Quadratmeter ab und muss einen Mindestabstand von 130 cm zu den Pflanzen haben. Natürlich kann man Natriumdampflampen auch zur Saatkultur anwenden. Sie geben Lichtemissionen ab, die dem Tageslicht sehr ähnlich sind. Lassen Sie sich vor dem Kauf stets vom Fachmann beraten.

Inzwischen verwende ich zur Vorkultur jedoch die einfacheren und preiswerteren Leuchtstoffröhren. Meine ist 150 cm lang und hat 58 Watt. Sie reicht für die gesamte Frühjahressaat aus. Die Lampe gibt nicht viel Wärme ab, daher muss sie dicht über den Pflanzen hängen (mindestens 10 cm). Meine Halterung ist an höhenverstellbaren Ketten aufgehängt. Wenn die Pflanzen darunter unterschiedlich hoch sind, sollten die kleineren etwas erhöht stehen, etwa auf einem umgedrehten Blumentopf.

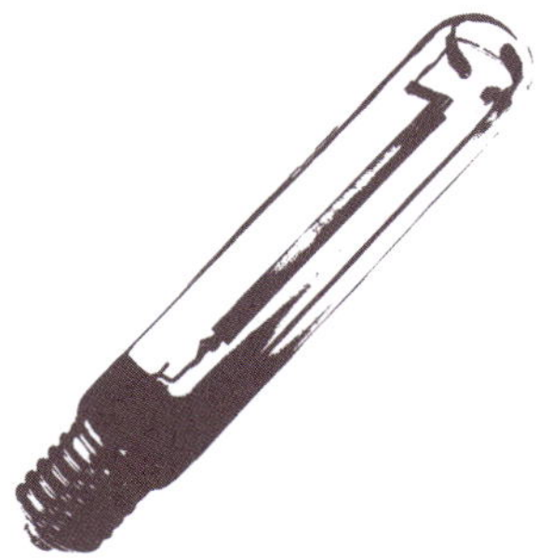

Wenn die Aussaat im Februar beginnt, muss die Lampe den ganzen Tag über brennen, selbst wenn die Saatkästen auf einer Fensterbank stehen. 12–14 Stunden sind nach meiner Erfahrung optimal. Im März kommen die Saatkästen ins Gewächshaus und müssen dann mit dem natürlichen Tageslicht auskommen – denn immerhin bin ich nur Hobbygärtnerin und brauche keine exotischen Riesenpflanzen zu züchten.

BODENTHERMOMETER

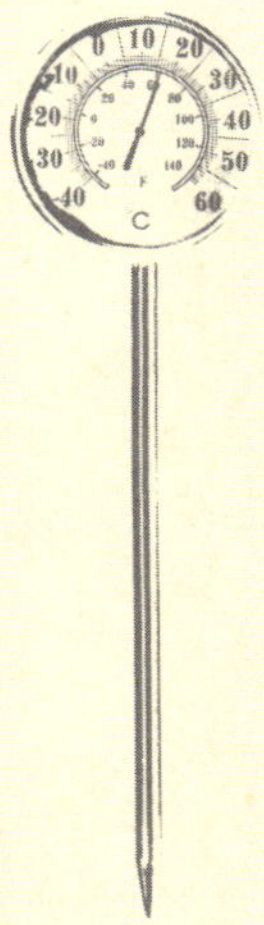

Bohnen, um ein Beispiel zu nennen, vertragen keine Minustemperaturen und haben gern warme Wurzeln. Erbsen, Tomaten und auch Mais brauchen mindestens 15 °C, während Erbsen mit 10 °C auskommen. Viele Blumenarten haben es gern noch wärmer. Ein Bodenthermometer sagt Ihnen genau, welche Temperatur der Boden im Anzuchtkasten, im Gewächshaus oder im Garten hat. Es sieht ein wenig aus wie ein Fleischthermometer und funktioniert auch so ähnlich. Wenn man Glück hat, wird die für die Anzucht nötige Bodentemperatur vom Hersteller auf den Samenpackungen mit angegeben, das ist aber leider nicht immer der Fall.

Register

G

H

I

J

K

L

M

N

O

P

Q

R

S